阅读设计
在中国

READING DESIGN
IN CHINA

纸 与 屏
BOOK & EBOOK
文 与 图
TEXT & GRAPHIC
场 与 人
SPACE & ACTIVITY

，

东莞图书馆 编

RDC

南方日报 出版社
NANFANG DAILY PRESS

中国·广州

图书在版编目(CIP)数据

　　阅读设计在中国/ 东莞图书馆编. -- 广州：南方日报出版社,
2022.11
　　ISBN 978-7-5491-2631-6

　　Ⅰ. ①阅… Ⅱ. ①东… Ⅲ. ①书籍装帧－设计－研究－中国
Ⅳ. ①TS881

中国版本图书馆CIP数据核字(2022)第216349号

YUEDU SHEJI ZAI
ZHONGGUO
阅读设计在中国

编　　者：东莞图书馆
出版发行：南方日报出版社
地　　址：广州市广州大道中289号
出 版 人：周山丹
责任编辑：张　高
责任技编：王　兰
责任校对：阮昌汉
装帧设计：蜻蜓文化传播 梁明晖
经　　销：全国新华书店
印　　刷：广州市岭美文化科技有限公司
开　　本：787mm×1092mm　1/16
印　　张：14.75
字　　数：200千字
版　　次：2022年12月第1版
印　　次：2022年12月第1次印刷
定　　价：88.00元

投稿热线：(020) 87360640　　读者热线：(020) 87363865
发现印装质量问题，影响阅读，请与承印厂联系调换。

READING DESIGN
IN CHINA

READING DESIGN
IN CHINA

RDC

第二届图书馆杯设计活动获奖作品（读者组）《Find yourself》　作者：尹新怡　选送：南宁师范大学图书馆

目 录

序 言 PREFACE — 001

纸与屏 BOOK & EBOOK —

文与图 TEXT & GRAPHIC — 084

场与人 SPACE & ACTIVITY — 144

LET BOOKS

SWEEP YOU AWAY

● 工具、语言、社交、学习、直立行走等在定义人类这一物种的特殊成就、特殊地位、特别身份的过程中，都曾扮演过近乎排他性的角色。但动物生态学、动物遗传学、动物行为学诸多新兴学科积累的大量观察、实验数据显示，原来以为可作人类身份表征的那些特质，不仅在海陆跟人类亲缘关系距离较近的哺乳动物中都有发现，在一些鸟类，甚至在不同昆虫中，也有无法否认的存在证据。人类所具有的种种能力，与动物相比，顶多体现出精巧细致规模程度等量上的差别，并无质的不同。

150万年前，早期原始人制作了一种需要更成熟智力因素的工具——阿舍利手斧，有了这种形式手斧的帮助，直立人开辟了比早期能人更为广阔的生态龛，为以后的活动面积扩张奠定了遥远的根基。以后上百万年的时间里，除了人工取火这一极其有用的发明外，人类在工具的发明、创造，甚至改进方面，并无明显的成就。

在以百万计的长程中，几乎水平不动的演化曲线之下，是地球生命最为复杂的大脑演化。生物学家爱德华·威尔逊论证说，人类大脑的演化是地球生命历史的四大转折点之一（其他几次转折是生命的起源、真核细胞的出现和多细胞生物体的出现）。每个人的大脑中包括大约等同于银河系恒星数量的1000亿个神经元，每个神经元又和其他100个神经元相联，形成惊人复杂的网络。只占体重2%的大脑，却要消耗一个人全身能量的20%，这就给直立行走决定了的窄臀女性制造了一个堪称"鬼门关"一般风险的生育难题——一直到今天，尽管有发达的现代医学帮助，人类自身的生产从生理上来说，都属"早产"，婴儿必须"三年不免于父母之怀"，人类幼态持续的时间之长，在所有哺乳动物中，高居榜首。人类"大脑"巨大风险的演化策略，回报同样惊人：他们的行为越来越能适应各种复杂的生态位，尤其是促进了人类语言的发育。这表面上近乎波澜不兴的遗传变化，为人类从非洲一隅扩张到全球及在距今1万年前后新石器时代的文化跃升，做好了生理准备。

·

一条粗粗的时间线，大约可以描绘人类演化的轨迹：

150万—1万年前，旧石器时代，采集、渔猎；

1万年前后，新旧石器之交，发明农业；

5000年前，文字发明，大河文明出现；

3000年前，典籍出现；

1000年前，现代印刷术出现；

150年前，现代大众传媒出现；

40年前，激光照排出现；[1]

…………

可以说，人类文明从缓慢递进到加速递进的转折点是文字的出现，从加速递进到飞速发展的标志是印刷术的出现。文字的发明、读物的出现，使人类的经验可以突破短暂时代和狭小地域的禁锢，向四周传递，为未来奠基。知识的叠加、利用、生产，成为人类演化过程中堪比基因的伟大力量，因而古今中外伟大的思想家们，几乎异口同声地把阅读当作一种可以解决人类克服环境制约的方式来加以歌颂——阅读"不仅可以充当一种强大的交流媒介或娱乐资源，而且打开了通向所有重要事物的知识之门"[2]。

西方自文艺复兴时期开始，阅读便一直刺激着个人主义的觉醒，可以说，是古腾堡印刷术即时放大了文艺复兴的成果，使新教改革者的声音迅速为公众知晓，并立刻获得了广泛的社会认同，最终打破了罗马天主教会的绝对权威，使马丁·路德和加尔文的新教改革在欧洲尤其北欧站稳脚跟，与有千年传统的罗马天主教平分秋色[3]——早于路德一个世纪的杨·胡斯，与路德的主张极其类似，同样呼吁革新教会，对罗马天主教会通过售卖"赎罪券"等敛财的腐败行为深恶痛绝，结果他被教廷处以死刑。一个重要的原因是他的声音所影响的公众数量相当有限。少了路德恰逢其时的印刷术的护航，支持并声

1.大卫·克里斯蒂安：《时间地图：大历史，130亿年至今》，晏可佳等译，中信出版集团，2017年。
2.弗兰克·富里迪：《阅读的力量：从苏格拉底到推特》，徐弢、李思凡译，北京大学出版社，2020年。
3.吴军：《信息传》，中信出版社，2020年。

援胡斯的社会力量在罗马教廷面前就弱小得不堪一击。

18世纪欧洲启蒙运动思想家们，把读者视为理性和进步的主体。欧洲，尤其是西欧很多地方，"热爱阅读"蔚为时尚，阅读越来越多地被人们看作是具有内在自足价值的行为[4]。19世纪，阅读更被视为一种个人自我完善的方式。即便在20世纪，伴随着诸多新式素养的形成与发展，加上欧西自苏格拉底以降不绝如缕的口传文化崇尚，不知不觉中，人们开始质疑与贬低传统意义上读写能力的独特性与文化权威性。饶是如此，20世纪的大部分时期，主体上，读写能力除了被看作是一种用来获得启迪或娱乐消遣的手段外，还被视为一种有助于消除贫困、摆脱经济困境、实现自我和家庭地位提升的重要工具[5]，以至联合国教科文组织在1972年向全球发出"走向阅读社会"的召唤，要求社会成员人人读书，图书成为生活的必需品，读书成为每个人日常生活不可或缺的一部分。

1970年代可以看作全球文明面貌的一个转折期，从那时开始，随着社会的渐次信息化，"终身学习""自我教育""学习型组织""学习型社会"等概念及相应制度、资源、行为，也渐次铺开，不断深入和强化[6]。而所有这些相关学习和教育的最基本方式，就是阅读。具体到公共图书馆而言，场馆从封闭走向开放，借阅由闭架转向开架，资源从重典藏转为重利

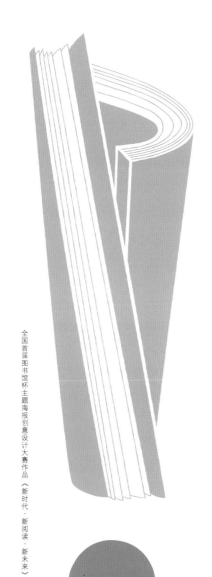

全国首届图书馆杯主题海报创意设计大赛作品《新时代·新阅读·新未来》作者：陈雪聪

4. 吴军：《全球科技通史》，中信出版社，2019年。

5. 同2。

6. 联合国教科文组织国际教育发展委员会：《学会生存：教育世界的今天和明天》，教育科学出版社，2017年。

用，读者资格从诸多限定转向无门槛，服务由静态阵地转为深入社区，服务内容由简单借阅走向推广阅读。

正是在这样一个大的时代背景之下，东莞图书馆2020年策划组织了大型展览《阅读设计在中国》，旨在梳理阅读设计的历史脉络、当下成就，为推进中国未来的社会阅读探索方向。

"阅读设计在中国"，如题所指，包括三个关键词：阅读、设计、中国。"阅读"和"中国"，相对直观——"阅读"是因为文字的发明、文献的诞生而有了读者的阅读行为；"中国"虽然在数千年的历史过程中积累了大量内涵相交但并不完全重合的意义，但因为我们有边界清晰的政治实体和阅读所需的独具一格的汉字形态，基本上不存在太多歧义。最难以界定清晰的是"设计"，因为一般意义上的所谓"设计"，是工业文明开展很长一段时间之后，甚至直到20世纪中前期，作为制造业、服务业中一个可以俾使产品、服务增值而渐渐兴起、扩大并慢慢具有独立价值的重要领域，简单来说，是在供大于求、买方市场逐渐占据主导地位之后，才可能被关注、才可能存活、才可能壮大成为具有独立价值的现象。

具体而言，"设计"就是产品和服务的提供方必须针对用户的期望、需要、动机，使之体现在自己的产品和服务上，从而使产品和服务符合市场的需求，能满足用户对产品形式、功能、审美、价格、操作等诸多方面的要求。简而言之，"设计"是有意而为，是为在竞争激烈的买方市场上提供更有竞争力的产品与服务而有意识的努力。在互联网的工作环境中，"设计"将越来越强调买方的参与和互动，产品的生产方和服务的提供方将越来越重视消费者的用户体验，在不断反复的正向反馈中，实现产品和服务的快速迭代。具体到中国图书馆所要推进的阅读行为，我们拣择、组织、供给的资源与服务，都应该能促进读者对阅读内容的理解与汲取，促进自觉读者群体的成长、形成与稳定。因此，我们认为，从文字开始，以文献奠基，以阅读而深入而扩大的人类文明当中，中国阅读有其鲜明甚至独具的特色。

在人类文明的几大源头当中，基于象形基础之上的文字体系，唯有汉字文化圈绵延未断，"六书"造字的3000多年实践中，核心的"取象"依然具备无差别的"可视"特征，高效之外，天然富于造型设计的要求，是真正"可以对着眼睛说话的文字"，对于人类这高度依赖视觉获得环境信息进而决策、行动的物种而言，汉字简约、高效、高集成度，相比拼音文字的比较优势，可以说是不证自明的。作为造纸术、印刷术故乡的中国，诞生了世界上最为丰富而延续的文献体系，其文化特别的人文性更从天子至庶民，几乎一以贯之强调读书，除了极少数极短的时间如秦之焚书外，对藏书和阅读的强调以至形成了悠久的社会风尚，即所谓"耕读传家，诗书继世"的传统。

左右了现代社会之前的西方的神权政治，从未凌驾在世俗中国之上，因此，我们就无需担忧印刷术会造成经典支离、教会分裂、教民离心和史不绝书的宗教战争。与西方在印刷革命后的500多年来依然强调、尊崇的口传文化相比，中国乃至汉字文化圈明显更为偏向印刷文本，更信任白纸黑字，自宋元以降持续到晚清民国遍及全国的团体如"惜字会"、普见于城乡的"字库塔"就是明证。楹联、碑记、摩崖、匾额、乡约、民规、书画、合约、请柬、婚书、墓志、中堂、庚帖、斗方、便面，宫殿、民居、寺庙、道观、学宫、书院、私塾、会所，官方或者民间，方内或者方外，几乎在任何场所、任何时段、任何载体材料上，都可以见到充分体现汉语（包括各种汉语方言）孤立语特征的汉字书写。我们尊崇的阅读传统背后，有着充足的资源支持。

《阅读设计在中国》展览分三部分。"纸与屏"，从广义书籍的载体形态出发，梳理书籍演变的全过程。可以说，每一次材料的革命，都极大降低了书籍生产的成本，扩大了知识传播的范围，社会越来越"读得起"。"文与图"，从读物的图文关系入手，总结在不同历史时段图文互相配合、增进阅读理解的基本特征，或者说，图文搭配越来越让读者"读得懂"。"场与人"，任何阅读都发生在一定空间当中，图书馆就是因阅读而存在的公共空间之一，其使命之一就是促进阅读，因而其环境、氛围乃至所有活动，莫不为读者乐意亲近、真诚认同而设计，也就是让读者"读得进"。

因此，《阅读设计在中国》一书，也分为三个篇章，相比展览展期和展区必须在场的时空限制，作为图书就有更为广阔的腾挪空间，有更大存世的可能。当然，缺少展览现场那么大的单幅体量，也就少了现场那么强烈的视觉冲击，这，大概就如粤谚所说，"针无两头利"吧？不过，展览也好，图书也好，目标和任务都是一致的，都是为了理解阅读、推进阅读、鼓舞阅读、丰富阅读。

阅读通向未来深处
您我一起阅读
中国愈发书香

纸与屏
READING DESIGN IN CHINA

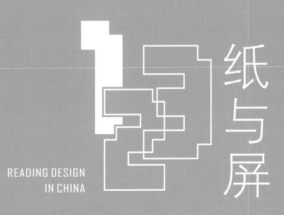

纸 与 屏
BOOK & EBOOK
001/083

书籍的生产　　　　008

印刷术发明前的"书籍"生产　009
古代印刷　　　　　　　014
近现代印刷术　　　　　020

书籍的装帧设计　　022

装订设计　　　　　　　023
卷轴装　023
经折装　023
旋风装　024
蝴蝶装　024
包背装　025
线装　025
现代书籍装订　027
图书馆装订　027

封面设计　　　　　　　028
文字元素　029
图像元素　030
色彩元素　032
材料选择　034

开本设计　　　　　　　036
将世界装进书中　036
将经典装进口袋　037

内文排版设计　　　　　038
竖横之变　038
从一个字到一本书——文字排版　040
标点符号的使用　042

书籍的知识组织　　046

众里寻他——书脊的检索作用　047
书籍的导览——目录页　048
书籍的身份证——版权页　049
序言　　　　　　　　050
章节页　　　　　　　052
不可或缺的注释　　　054
书目：众里寻他千百度　057
知识诚可贵　索引价亦高　058
引文索引　　　　　　059

跨界阅读设计　　060

书也可以是立体的　　061
互动阅读体验设计　　062
纸屏结合的跨界阅读　064

全新的体验——屏读068

电子阅读器　　　　　069
电子书版式设计　　　070
虚拟的封面　　　　　071
量身定做的字体　　　072
随心所"阅"　　　　074
属于你的电子书　　　075
阅读不再孤独　　　　076
阅无所限　　　　　　078
即时解惑　　　　　　079
活灵活现　　　　　　080
悦听　　　　　　　　081
沉浸式阅读　　　　　082
没有围墙的图书馆　　083

● 可以说，阅读行为跟文字同步发生，文字出现，阅读开始。在中国数千年的文明岁月里，先贤们曾将文字铸刻、雕镂、书写甚至编织在各种各样的载体之上，从原始的龟甲兽骨，到坚硬的玉石青铜，到相对易得的竹简木牍，到更为轻薄便携的纸张，每一次书籍载体的革命性变迁，都给人们的阅读行为带来了巨大的影响；每一次文本形态的变革，也都使阅读行为发生巨大的变化，并由此改变了整个社会的文化风貌，推动着文明走向全新的阶段。

从中国现存的最早最成熟的文字体系——甲骨文的贞问记录方式来看，其时的阅读就是贞人群体经常的行为：验辞是对先前预卜结果的确定性回答，也就是必须回应先前的贞问和占断，当然离不开阅读。从殷商到西周中前期，限于当时的生产力条件，阅读材料极其稀缺，无论是甲骨还是铜器，生产制作的过程都极为繁复，漫长的生产周期和高昂的制作成本，注定阅读只可能是极少数社会上层人士的特权，"惟官有书，而民无书"，上层贵族掌握着几乎所有的文字材料，非军国大事也不可能留下文字记录。

进入春秋战国以后，铁器和牛耕普遍推行，社会生产力水平大为提高，诸侯力政，周天子的权威急速稀释，诸侯国之间攻伐之争规模扩大、程度加深，社会急剧动荡，原有的统治结构开始松动，"学在官府"的局面被打破，原来由贵族垄断的文化学术向社会下层扩散，下移于民间，即所谓"天子失官，学在四夷"。私学兴起，知识分子阶层开始壮大并活跃起来，诸侯卿大夫养士成风，朝秦暮楚，合纵连横，"百家争鸣"的盛况就是从这样的文化背景中孕育而来。

然而，较商周时期，教育和书籍的普及程度虽然有所提升，但不管是金石还是简帛形态的书籍，加工成本高、制作时间长、价格不亲民、储存携带翻检不方便等诸多问题依然存在。书籍仍然只是上层社会的"奢侈品"，身为国相，"惠施多方，其书五车"，都被郑重地载在典籍之中，可见有"书"一事，非同小可。

降至西汉后期，一种新的载体材料——纸张开始出现。那时候的纸并不是我们常说的蔡伦所"发明"的纸，而是一种昂贵的丝织品"缣帛"，是我国悠久的缫丝业的副产品。汉字"纸"的形旁，隐约保存并透露了相关信息。为了降低纸张的制作成本，东汉和帝时期，中常侍蔡伦改进了造纸的制作工艺，扩大了原料来源，以低廉的树皮、麻头、破布、渔网等为原料，生产出了"蔡侯纸"——蔡侯纸也许是人类第一种通用的书写材料，甚至可以不夸张地说，有了蔡侯纸，才有人类后来的知识产业。

蔡侯纸虽然造价低廉、携带方便，但当时更多限于深宫，并未得到大面积的普及。纸张经过长达100多年的发展，魏晋之时才得到了社会的广泛接受和普遍认可。中国摇曳多姿的多体书法艺术，在汉末魏晋得以奠基、成熟，跟纸张的普及所关非细。领中国书法风骚近2000年而迄今未衰的"帖学"，跟纸张的推广几乎同步建立。

随着纸张的普及，人们的阅读行为也有了新的变化。纸张廉价易得，大大降低了书籍的生产成本，社会上可流通的书籍数量因此大大增加，两晋写经蔚为风气，就是明证。两晋延续着秦汉以来重师承的传统，在皇权相对孱弱的大背景之下，世家大族的文化积累与传承就格外突出，著名的书法世家就有陆氏、卫氏、索氏、王氏、谢氏、郗氏和庾氏。其中最为卓异的，要推书圣王羲之一系：与其父并称"二王"的大令献之，善草；凝之，工草隶；徽之，善正草；操之，善正行；涣之，善行草。其后子孙累传法脉；南朝齐王僧虔、王慈、王志都有法书存世。释智永为羲之七世孙，妙传家法，为隋唐书学名家，"唐僧智永为王右军七世孙，皎然为谢康乐之十世孙。二僧诗、字名家，不忝其祖，殊胜金银车登进士第者"。

由于文本载体稀缺而必然形成的阅读壁垒，最终被打破，寻常社会大众也有了接触书籍和知识的机会，自学之风也随之兴起，孙康映雪、车胤囊萤的勤学故事发生在两晋，算是其时向学风尚的些微侧影。中国历史上最为重大的社会转折——"唐宋之变"，某种程度上可以说是纸张和印刷结合而促成的。

如果说纸的出现为大众阅读打开了一扇窗，那印刷术的出现则是直接推开了公众阅读的大门。印刷术改变了传统手抄书效率低下、容易出错的弊端，让书籍生产走上了规模化生产的道路，大大提高了书籍生产的效率，让书籍从"奢侈品"慢慢转变为日常品。印刷术，尤其是特别适合汉字特征的雕版印刷在隋唐之际的发展和普及，让寻常人们可以接触到的书籍数量越来越多，刺激、制造了社会广泛的阅读需求。

到了五代，一些著名高官如相四朝十帝世称"十朝元老"、自号"长乐老"的冯道，主持雕刻了《九经》，在政局不宁、社会动荡、文化遭受巨大威胁的乱世，为保存我国古典文献做出巨大贡献，功不可没。两宋崇文，科举制度逐渐完备，城市化和商业化水准远迈前古，图书数量激增，让人们的阅读有了实用主义的倾向。重文抑武的国策让两宋成为中国出版业的第一高峰，形成了官刻、私刻和坊刻三大系统。仅仅官刻，两宋中央的许多机构，如国子监、崇文院、秘书省、国史院、大理寺、进奏院、度支部、编敕所、太史局、德寿殿、刑部、左右廊局等，都兼司刻书；地方路军州府县的公使库、转运司、提刑司、安抚司、茶盐司、书院等，也莫不刻书。我们今天所使用的印刷体，差不多都能在两宋刻书上找到祖型，是为"宋体字"。

仿宋、宋体的出现并逐渐与汉字手写体分途，且取得出版印刷的压倒地位，差不多是因应城市文化生活的巨大需要而生的。为了满足两宋高度发达的城市化市民生活，吸引更多城市读者，民间书坊开始刊刻通俗和日用作品，如应试书、日常历书、医书，戏曲、小说、平话、传奇、弹词之类的通俗文学作品更是两宋坊刻的大头，通俗文学的地位日渐上升，使得人们的阅读内容变得更为丰富多样。与传统经典作品相比，通俗作品浅显、易懂、娱乐性强，受教育程度较低的老百姓也可以阅读。因此，通俗作品的兴起也让阅读有了更广阔的受众。

中国传统出版方式经历逾千年的缓慢发展，对于中国传统学术文化的繁荣做出了巨大的贡献，但长期以来可以说是波澜不惊。传统书籍的版面形态自简牍时期就基本定型，内容题材也相对集中在经史子集等几个方面，实用为主的阅读需求也让传统图书的装订方式、封面设计相对简单。晚明地理大发现的直接后果是全球化提速。随着传教士的进入，尤其是晚清鸦片战争后的国门洞开，古老中国被迫开始了近代化变革，西方思想文化和印刷技术传入，印刷术的母国仍顽强延续着传统的书写和阅读习惯，虽然也渐次采用了石印或者铅字印刷，部分融合了近代出版工艺，但仍然坚守竖排、线装的本来面目。

但渐渐地，市场的力量起了决定性作用，中国出版界被迫逐渐放弃了传统的书刊形态和印刷技术，转为使用新式的印刷技术和新式装订，书籍有了新的范式，书籍形态发生了翻天覆地的变化。为了适应新的印刷方式，排版、页面、开本等也与传统出版业开始出现明显的分野，书籍开始有了"装帧"的概念。新的字体、标点符号的使用，中西文混排、新的开本尺寸和装订方式等新元素的出现，也给中国人的阅读习惯带来了革命性的变革。

新中国成立后，通过行政力量和文化阶层合力，中国的书籍迅速而彻底地完成了现代化转型。既抛弃了传统书籍约定俗成的惯例，也摆脱了近代书籍五花八门的制式，建立了通行的标准，形成了真正的中国现代书籍范式——以左边装订配合文字横排，以简体字取代传统的繁体字，彻底打破了延续数千年的纵向书写和阅读方式。通过对字符和版面两大基本要素的统一，中国书籍正式和国际接轨，也让国民的阅读传统近乎彻底转向——这一转向的最终得失，恐怕不易断言，倒是简化字书写和横行阅读的新习惯，会永远固定下来。

改革开放后，越来越多的人睁眼看世界，书业市场的竞争也愈发激烈，图书生产很快就从卖方市场转为买方市场，我国图书装帧也进入了全新的阶段，书籍设计越来越关注读者的审美需求，重视读者的阅读感受，书籍设计往人性化、多样化的方向发展。现代的书籍设计愈加重视信息的传达，努力尝试更好地向读者传递书中的内容信息，在精确传达文本信息的同时，创造书籍的阅读韵律和节奏，追求更好的阅读感受。

随着数字化时代的到来，书籍也迎来了新的转折点。网络信息技术给实体书籍带来了巨大的冲击，人们的阅读行为因为新技术的加入，也有了迥异于前的新变化，"屏读"已在日常生活中司空见惯。尤其在各种通勤工具狭小、密闭、拥挤的空间内，在相对漫长而无聊的时段，屏读就成了绝大多数乘坐者的不二之选。各种电子书、电子报刊、知识库爆炸式涌现。互联网时代的到来，为开拓公共知识空间提供了新的机遇。

数字阅读成为一股无法遏止的大潮，在网络世界中，信息与知识离我们仅一屏之遥，让人振奋，也让人目眩失衡。数字载体将对人们的阅读行为产生怎样的影响还在未定之天，提出的诸多问题亟待答案。但无论阅读形式如何变化，阅读的主体——人本身的生理条件反应机制，不可能在短时间内同步进化。数千年被实体书训练塑造出来的阅读和学习习惯、记忆方式、理解方式等，都不可能因为信息技术的出现而产生根本上的转变。

我们回顾书籍漫长的发展史，不难看出，书籍的载体"革命"已经不是第一次了，从金石到简帛再到纸册，都会带来阅读的转型。而每一次的转型，都是对旧模式的反思与超越。在这过程中，我们免不了会丢失一些好的传统，但人类是特别有适应力的物种，会迅速调整阅读姿态，适应新的变化。随着新技术的应用，书籍数量增多，书籍形式更加活泼多样，阅读的门槛也越来越低，更多的人以更轻松、更简单的方式享受到阅读的乐趣，这是一个毋庸置疑的发展方向。但如何可以保障阅读的深度，在丰富书籍外在形态的同时保证书籍的质量，是我们目前面临并急需解决的新问题。

全国首届图书馆杯主题海报创意设计大赛作品《书籍里才有清晰的未来》 作者：刘星宇

印刷术发明前的"书籍"生产
古代印刷
近现代印刷术

● "书"是一个非常古老的文字，最早见于甲骨文。最初的"书"字，表示书写这个动作，《说文解字》解释说："书，箸也。"许慎《说文解字叙》："仓颉之初作书，盖依类象形，故谓之文。其后形声相益，即谓之字。著于竹帛谓之书。书者，如也。"从单一的字符到编连成册的书籍，经历了漫长的岁月，而在整个书籍发展史中，最具革命性意义的当属印刷术的发明和运用。印刷术的出现解决了传统手抄书生产效率低下的问题，让书籍的生产走向了规模化和规范化的道路，大大提高了生产效率，为书籍的普及提供了技术支持。

書‥書‥书

印刷术发明前的"书籍"生产

■ 印刷术发明之前，书籍的生产是纯手工的，根据材料的不同，生产方法当然也有所区别。中国早期的书籍形态、制作手段与其利用的材料密切相关。《墨子·兼爱下》做了精辟归纳："以其所书于竹帛、镂于金石、琢于盘盂，传遗后世子孙者知之。"

中国各地都有出土大量的硬质的文字材料，"考其法，不外刀刻及书写二端"。刀刻较常见于甲骨、碑石。河南安阳殷墟出土大量刻有文字的龟甲和兽骨，是迄今为止我国发现最早的大规模作为文字载体的材质。甲骨之外，还有以玉石作为书写材料的，《韩非子·喻老》中就有"周有玉版"的话。玉版材质名贵，摹刻不易，用量不多，多为上层社会的用品。迄今发现的材料，以春秋晚期战国早期晋国卿大夫之间盟约的侯马盟书和温县盟书为大宗。其中侯马盟书就是以红色矿石颜料在石片和玉片上书写而成的。

贾湖刻符

1987年出土于河南舞阳贾湖遗址，为新石器时代早期遗存，现藏于河南博物院。经碳14检测数据，年代距今7762±128年，是我国目前已发现的最早文字符号。图示为在龟甲上契刻的符号，近似甲骨文的"目"字、"曰"字等。

王宾中丁·王往逐兕涂朱卜骨刻辞

商代晚期牛骨刻辞，现藏于中国国家博物馆。内容卜问十日之内的凶吉，涉及祭祀、田猎、天象诸多方面。

■ 竹木是中华大地上最廉价、最易得的书写材料，竹木简册是我国历史上真正意义上的书籍。

很多人都会有一种误解，认为简册上的字是刻上去的，其实不然，大量出土文物证明了简册上的文字都是书写上去的。为什么会存在这样的误解呢？当时编写简册时确实须要用到刻刀，但刻刀并非用来雕刻内容，而是用于修改内容。简册上的文字以墨汁书写，如果出错，须要用刻刀将错字部分刮掉，再重新书写，会意字"删"是此种现象的客观记录。

简册足以适应长篇的叙事需求，大量的竹简书写后以绳串联，编连成册，以尾简为轴收卷，装入书囊。相比贵重难得的甲骨、玉版、青铜，简牍材料易得、制作简便、容量巨大，内容长短几乎可以不受材料限制，方便随时根据需要扩容。简册使获得知识的群体大为扩展，从而为文明的演进提供了助力。

里耶秦简"九九乘法口诀表"木牍

2002年出土于湖南省湘西里耶古城遗址一号井，现藏于里耶秦简博物馆。里耶秦简出土37000枚，古隶书字体，多为官署档案，被誉为"21世纪最重大的考古发现之一，其价值足以媲美敦煌文献、甲骨卜辞"（李学勤）。"九九乘法口诀表"木牍是目前世界上最早、最完整的乘法口诀表实物。

印刷术发明前的"书籍"生产

■ 所谓"书于竹帛"，除了竹木，当时还有以丝织品中的缣帛作为书写材料的。缣帛质地柔软轻薄，用毛笔书写，一片写满了就用另一片续写，再粘接起来，帛端加上一根木棍用于卷舒。相比简牍，缣帛更为轻薄便携，而且经久耐翻，但成本高昂，因此未能普及。

到了汉代，开始发展出专门用于书写的缣帛，其上织有黑色或红色的边栏，黑色的称为"乌丝栏"，红色的则为"朱丝栏"。简牍材料的形态促成从上至下书写、从右到左排列的直排左行格式，帛书遵循简牍形制，以墨书写，勾出乌/朱丝栏，即使有规范字体的实际需要，也无妨看作简牍自然边界的遗痕。这种书写形式影响到金石，传递到纸书上，以此形成中国书籍三千年的阅读方式，迄今仍有余响，生命力不可谓不强。

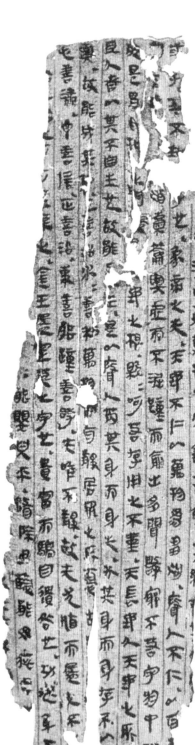

马王堆汉墓帛书《周易》

1973年湖南长沙马王堆汉墓出土，现藏于湖南省博物馆。西汉时用隶书写在整幅丝帛上，藏入漆盒保存，内容分为经文和传文。

郭店竹简《老子》乙

1993年湖北荆门郭店出土，现藏于湖北省博物馆。郭店竹简为竹质墨迹，为战国中期用楚文字书写的多种古籍。楚墓共发现三种《老子》，此为第二种。

古代印刷

■ 书籍印刷在何时何地由何人发明，现在已不可考。但印刷术的发展可能主要得益于两方面因素的促进：一方面是佛教在中国的广泛传播，为了大量快速复制经卷，佛教对改进书籍生产技术一直非常重视；二是中国古代唐宋以降科举抡才制度的推行，社会对书籍的需求量大增，刺激书商不断改进生产技术，提升生产效率。

我国传统印刷主要有雕版印刷和活字印刷两种。其中雕版印刷技术在印刷书籍中是当然主流，占有绝对优势，中国现存印刷古籍大部分是雕版印制的。

经考证，雕版印刷的发明应不晚于唐代初期。胡应麟在《少室山房笔丛》中总结了雕版印刷技术的整体发展脉络："雕本肇自隋时，行于唐世，扩于五代，精于宋人。"目前史料证明，在唐代中期，雕版印刷技术已经被完全掌握。在唐代，雕印书籍的种类已经相当丰富，历书、医术、字书、还有宗教的经书等，但很长一段时间内，都局限在寺院和民间书肆。

一直到唐末五代时期，官府和私人开始重视雕版印刷技术，官刻和家刻兴起，雕版印刷技术开始在全社会被大规模使用，技术也越加完善。到了宋代，由于经济兴盛、文风盛行，社会上掀起了刻书的热潮，形成了庞大的官私坊寺观刻书系统和网络。宋代雕版印刷技艺达到了鼎盛，无论是数量、质量、种类都是历代所不能及的。宋版书由于"校订严密，误谬极少，笔画不苟，纸质精良，用墨纯秀，印刷鲜明"[2] 被广泛认可，受到公私藏书机构和个人的持续追捧，到现在还留有"黄金万两，不如宋版一页"

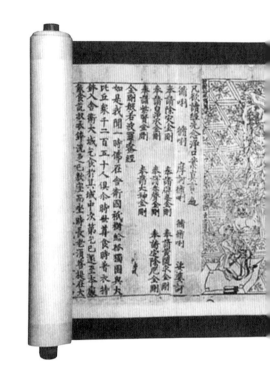

唐咸通九年（公元868年）
雕版印本《金刚经》

1. 张树栋，庞多益，郑如斯：《简明中华印刷通史》，广西师范大学出版社，2004年。
2. 同上。

1900年敦煌藏经洞出土，现藏于伦敦大英图书馆。卷尾"咸通九年四月十五日王价为二亲敬造普施"让中国的雕版印刷第一次有了确切日期：公元868年。该印本保存很好，每一张刻版体积大，刻工娴熟，表明此时印刷术已颇为成熟。

的说法，可见宋代时期雕版工艺之精。虽然工艺日趋完善，甚至发展出多色套版可以印制彩色图样，但雕版也存在明显缺点：刻版费时费工，量大不便存放，出错不便修改等。为了弥补雕版印刷的缺点，北宋庆历年间（公元1041—1048年），布衣毕昇发明了活字印刷术，制成了胶泥活字，踏出了印刷史上革命性的一步。活字的制作材料很多样，常见的有泥活字、木活字、瓷活字、锡活字、铜活字和铅活字等。无论何种材质的活字，整体制作工序都基本相同：先制作阳文反文单字字模，按稿选字排版、涂墨印刷，印完后拆出字模，留待下次排用。

活字印刷较雕版印刷更加省时省力，为印刷的机械化创造了条件。但铸字、检字、排字对人工识字要求高，印刷质量和美观性差，而且由于汉字单字量大，字频难以预估，活字印刷对我国古代印刷书籍的贡献，比不上雕版。倒是对周边譬如辽、西夏等，产生近乎即时的影响。明代以后，活字印刷逐渐得到发展和普及。清乾隆年间修《四库全书》时，馆臣奉命辑《永乐大典》中之佚书，并将其中善本交武英殿刊印。因种类多，雕印耗费巨大，故改以刻制枣木活字刷印书籍，并以"活字"不雅，被乾隆皇帝赐名为"聚珍版"。乾、嘉时共印书134种，连同先行雕印的4种，合为丛书《钦定武英殿聚珍版书》，这是历史上规模最大的一次木活字印书，校刻严谨，印刷精良，纸墨俱佳[3]。

在清朝，铜活字印刷也得到了广泛应用，雍正年间朝廷就用铜活字印刷排印了大型类书《古今图书集成》。

3. 故宫博物院：《武英殿聚珍版程式》，
https://www.dpm.org.cn/ancient/hall/148386.html，访问日期：2021年6月15日。

事夫豈惟衣冠之簡樸語言之質直容止之莊重安素

徇古之云爾耶所貴正大光明平生不羈管謂不能博

涉經史羽翼聖賢自當躬親耕稼如沮溺丈人之徒以

樂道以愓厲斯人否則其不流於無用愚民頑固以終

老者幾同焉欲求如世俗之忠厚長者且不可

茹者之所謂忠厚長者乎雖然余之所謂忠厚長者之

有於余之所謂忠厚長者之名不可以

世之稱人為忠厚長者知忠厚長者之有

非私言也所願世之人知忠厚長者

果若是則忠厚長者者而

沈括《梦溪笔谈》中关于毕昇发明活字印刷术的记载

《武英殿聚珍版程式》

（清）金简撰，记载武英殿制作木活字、排版、印刷的工艺流程，是继宋沈括《梦溪笔谈》、元王桢《造活字印书法》之后的第三部关于活字印刷方法的著述，且为三者之中唯一的独立专著，所叙内容更为详细、具体。

《三才杂字》
1991年8月在甘肃省武威县张义乡小西沟出土的西夏文印本残片（木活字版）。

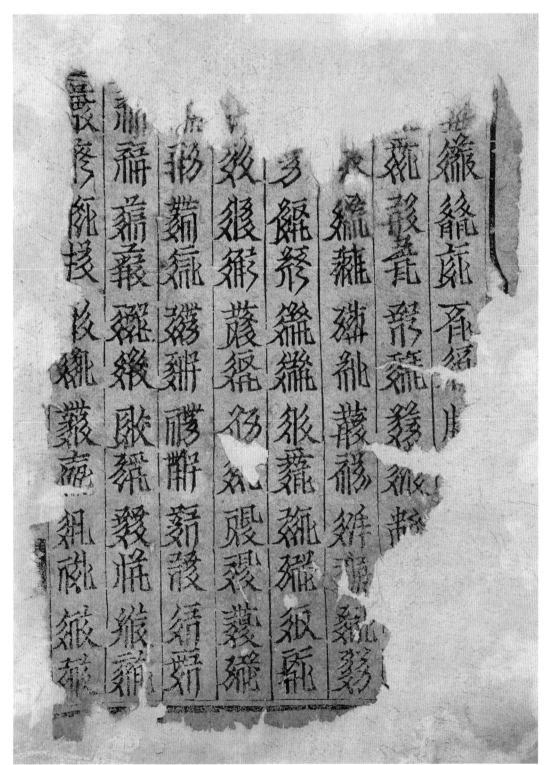

■ 我国古代印刷术外传至西方后，受其启发，15世纪50年代，德国古腾堡在欧洲推出金属活字印刷术，适应了文艺复兴时期欧洲社会对读物的需求。因为金属活字特别适应字母为单位的拼音文字，印刷术获得迅速发展，将文艺复兴的成果迅速推广到全欧，为嗣后的地理大发现、宗教改革、科学革命、启蒙运动等奠定了坚实基础。一定意义上，可谓现代社会的起点。

19世纪初，西方印刷技术、设备随着西方传教士进入我国。最先传入的是铅活字排版技术，随后电解法铸造中文字模的发明，铸字机械设备、泥版、纸型铅版技术设备的传入，平台、轮转乃至高速轮转印刷机械的传入，使铅活字印刷如虎添翼，中国书刊印刷迅速发展。20世纪30年代，中国近代印刷达到了"凡国外印刷之能事，国人今皆能自任之而有余，其技术之精者，直可与外来技师抗衡"的水平[4]。

新中国成立后，我国印刷业重新起步并得到了迅速发展，已逐渐步入以电子控制为基本特征的现代印刷的新时期[5]。1980年，王选等人用激光照排系统成功地排出了一本《伍豪之剑》的样书，标志着中国印刷逐渐告别"铅与火"，迎来了"光与电"。"数与网"时代的数字印刷、3D打印等技术，为书籍的创意设计、个性化制作提供了更广阔的舞台。

《古腾堡圣经》

约翰内斯·古腾堡（公元1397—1468年），又译作谷登堡、古登堡、古腾贝格，是改进活字印刷术的西方发明家。他研究出了合金字母和铸造法，建立了一套字母库，并印刷了著名的《古腾堡圣经》。《古腾堡圣经》一共被印刷了约180份，其中49份今天尚存。

4.赵春英，张树栋，谷舟：《中华印刷图史》，中国书籍出版社，2018年，第128页。
5.同上。

书籍的装帧设计

纸 与 屏
BOOK & EBOOK
022/023

装订设计
封面设计
开本设计
内文排版设计

■ 张铿夫在《中国书装源流》自序中写道："书自何始乎？自有文字，即有书。书装何自始乎？自有书，即有装。盖字不著于书，则行不远。书不施以装，则读者不便。"这里的"装"就是指"装订"。通过将零散的书页装订成册，可以大大提高阅读的便捷性和书籍的便携性。

《周易·系辞下》有云："上古结绳而治，后世圣人易之以书契。"而《说文解字》则有"著于竹帛，谓之书"。可见，所谓的书籍应该是从简册开始。从简册到木牍，到帛书、卷轴、旋风装、线装，再到现代的册页书等，受材料和制作工艺的制约，出现了不同的装订方式。而不同的装订方式，又造成了书籍装帧形态的差异，也造就了截然不同的阅读方式与阅读场景。

简册、木牍的承载物是竹、木；帛书的承载物是缣帛；卷轴装书的承载物，初期是帛，这是因为卷轴装书直接从帛书发展而来，纸发明以后，大量的卷轴装书用的材料是纸；旋风装书的承载物是纸。纸作为书籍的承载物，它的优越性是其他承载物所不可比拟的。从卷轴装书开始使用纸作为承载物后，一直被沿用下来。

从几种书籍的装帧形态来看，它们要受到制作材料——承载物的制约，当然还有其他条件的制约，因而产生不同装帧形态的书，各有各的优长，也有各自的不足。简册虽然可以卷起来，但体积和重量都大，拿在手上不易，不管是运输还是阅读都很不方便，更谈不上检索了；木牍不能卷，容量又太小；帛书的材料有限不易得，因而很昂贵；卷轴装翻检不方便；旋风装综合了这几种书的优点，有了很大的进步，成了当时比较先进的书籍装帧形态，但也存在着明显的缺点。随着包背装、蝴蝶装和线装的出现，书籍开始以册页书的形态固定下来，书籍阅读的便捷性也有了质的飞跃。

装订设计

卷轴装　经折装　旋风装　蝴蝶装　包背装　线装　现代书籍装订　图书馆装订

卷轴装

◆ "古人藏书，皆作卷轴。"造纸术发明后，纸张逐渐替代简牍，成为最主要的书写材料。卷轴装由简牍形制脱胎，在帛书时成形，纸写本时完善。初期沿用简牍、帛书的卷轴形式，将书页按规格裱接后，把两端粘接于圆木轴上，卷成一束。"揽之则舒，舍之则卷。可屈可伸，能幽能显。"（西晋·傅咸《纸赋》）造纸术为印刷术提供了最为重要的廉价材料，为知识成为全社会的共有财富提供了可能。

卷轴装《齐民要术》

（北魏）贾思勰著，农学著作，约成书于北魏末（公元533—544年），是中国现存最早的一部完整农书。全书10卷92篇，系统总结了6世纪前黄河中下游地区农牧业生产经验、食品加工与贮藏、野生植物利用以及救荒的方法，详细介绍了季节、气候以及不同土壤与不同农作物的关系，被誉为"中国古代农业的百科全书"。

经折装

◆ "卷舒之难，因而为折。"印刷术发明后，印本书籍日益增多。卷轴装查阅不便，卷舒困难，为方便阅读，书籍的装帧形式由卷轴装逐渐向册页装演变。作为过渡形式，出现了"旋风装"和"经折装"。

将一幅长卷沿着文字版面的间隔，一反一正折叠起来，形成长方形的一叠，在首尾两页粘贴硬纸板作为护封。凡经折装的书本又称"折本"。因奏折也用这种形式，故有"折子本"的叫法。东西方书籍的生产，尤其是印刷书籍的产生，都跟最为重要的社会黏合力量——宗教相关，也许并非只是巧合。

元刻经折装套印《金刚般若波罗蜜经》

简称《金刚经》，《金刚经》是中国佛教流通最多最广的佛经之一，通行本为姚秦三藏法师鸠摩罗什翻译。其他译者包括：北魏菩提流支、南朝陈真谛、隋朝达摩笈多、唐玄奘、唐义净等。

旋风装

◆　经折装容易在折页处出现散页、撕裂的问题，为补救这一缺陷，旋风装加以改进，将一张张写好的书页按顺序逐次粘在同一张带有卷轴的纸张上面，收起时合为一卷，成卷轴装。回旋翻看，迅疾如风，故称"旋风装"；展开平放，错落粘连，形如鳞次，故又名"龙鳞装"。可以想见，旋风装的后期成型，基本全靠手工操作，必然耗费大量的人力成本。早期书籍昂贵难得，因此也为人所宝爱，可见一斑。

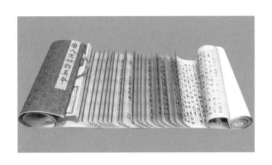

唐人写《切韵》真本

《切韵》，（隋）陆法言著。共5卷，分193韵：平声54韵，上声51韵，去声56韵，入声32韵。唐初被定为官韵。原书虽已佚，但其所反映的语音系统却因《广韵》等增订本而得以流传。法国巴黎国家图书馆藏敦煌唐写本《切韵》残卷三种，是目前所存最古与陆法言编撰《切韵》最相近的版本。

蝴蝶装

◆　"久而折断，分为簿帙。"自唐末至宋初，雕版印书业空前发展，印本书逐渐取代写本书，册页装逐步取代卷轴装。蝴蝶装是最先出现的册页形式："蝴蝶装者不用线订，但以糊粘书背，夹以坚硬护面，以版心向内，单口向外，揭之若蝴蝶翼然。"（叶德辉《书林清话》）

蝴蝶装是宋元时期普遍流行的装帧形式，适应了雕版印刷一版一页的特点。但蝴蝶装一面有字、一面无字，翻阅时颇为不便，虽然隔页少，大体上无碍阅读，但连续性阅读有了顿挫，自然对阅读心理有所干碍。同时书脊易散乱，逐渐被包背装和线装所取代。

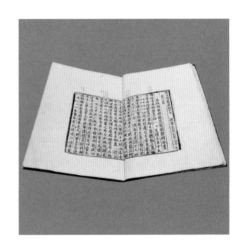

蝴蝶装宋眉山刻本《欧阳文忠公集》

北宋文学家、史学家欧阳修所著诗文集。内容包括：诗话、词、赋、尚书、杂文、序文等。欧阳修，字永叔，号醉翁、六一居士，谥文忠。为文主张"明道""致用"，是"唐宋八大家"之一，对北宋一代文风产生巨大影响。

包背装

◆ 包背装改变了蝴蝶装版心向内的形式，把单面印刷的书页白面朝里，图文朝外，对折成页，再把书页两边粘在脊上，装上书衣。由于全书包上厚纸作皮，装饰精美，不见线眼，故称包背。但包背装也并未彻底解决书籍易散脱页的缺点，故又发展出线装。包背装离线装、现代平装，已是一步之遥，跨越这一步的时间，前后过去数百年。书籍装帧形式前进的每一步，都不是那么简单。

包背装《四库全书》

全称《钦定四库全书》，是清乾隆时期编修的大型丛书，由纪昀等360多位学者编撰，3800多人抄写，耗时13年编成。分经、史、子、集四部，故名"四库"。据文津阁本，计收书3462种79338卷，36000余册，约8亿字。先后抄成七部，分藏紫禁城文渊阁、沈阳文溯阁、圆明园文源阁、承德文津阁"北四阁"，扬州文汇阁、镇江文宗阁和杭州文澜阁"南三阁"。《四库》既是伟大的文化成就，也是一次巨大的文化浩劫，修书过程中查缴禁书达3000多种，15万多部，四库禁毁书籍几与四库所收书籍一样多。

线装

◆ 线装是我国书籍传统装帧技术史上的集大成者。用棉或丝线联结，前、后面各粘裱一层纸或织物当封面，折口外露，订口穿线，配以书函。线装书籍既便于翻阅，又不易破散；既有美观的外形，又坚固实用。它是传世古籍最常用的装订方式，清代基本采用这种形式。线装书实际上可以看作中国传统书籍的终点和现代平装书的起点。

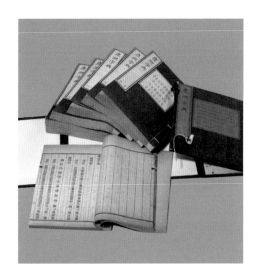

线装武英殿刻本《康熙字典》

（清）张玉书、陈廷敬总纂，凌绍霄、史夔、周起渭、陈世儒等修纂，增订明朝梅膺祚《字汇》、张自烈《正字通》二书而成。编纂工作始于康熙四十九年（公元1710年），成书于康熙五十五年（公元1716年），因名《康熙字典》。字典部首分类，全书分为12集，以十二地支标识，共收字47035个。

装订设计

卷轴装　经折装　旋风装　蝴蝶装　包背装　线装

现代书籍装订　图书馆装订

纸 与 屏
BOOK & EBOOK

026/027

现代书籍装订

◆　现代书业，精、简通行。随着西方机械印刷术和装订工艺的引进，以线装书为主流的传统书籍装帧形式逐渐没落，简装（平装）、精装成为书籍通行的装帧形式[6]。

简装，也称"平装"，是普通图书常用的装帧形式，经济快捷。平装书外观只有封面、扉页、版权页和封底，主要工艺过程包括折页、配帖、订本、包封面和切书边。五四运动时期，平装书成为新文化传播的有力媒介。印刷术的故乡，也要借助外来石印、铅印等发明的反哺，从而开拓出一片书籍生产的新天地。印刷术的故事雄辩地说明，任何文化都要与时偕行，开放边界，都不能固步自封。

精装书的封面、封底一般为硬质或半硬质的材料，封面与书脊间要压槽、起脊，增加护封、环衬等内页。其优点是护封坚固，使书经久耐用，适用于页数较多、要求美观、须经常使用并长期保存的书籍。在童书领域，造型多样的立体绘本为幼儿读者提供视觉、触觉、听觉等多种感觉的阅读体验。现代书业的发达，在知识生产和普及教育上，为功最大。但门槛的降低，稀释了知识含量，拣择之难，越来越成为一个问题。因而精装书可看作内容精选，视作可传后世的备选作品。

图书馆装订

◆　图书馆装订也叫史密斯装订（Smyth Sewn, 亦称Section Sewn），最初是图书馆为入藏的软装图书做长久保存、借阅的预处理。简单来说，图书馆装订就是利用缝线加固图书，并加上厚纸板封皮，使书籍更加牢固耐用，保证图书可以被反复借阅并且易于保存。现在这种装订方式常用于贵重的精装本图书装订、重要文件档案的保存和图书馆的过刊保存。图书馆装订的图书可180度平摊，方便阅读和书写。而且以这种形式装订的书籍资料，难以不留痕迹地撕下其中一页，因此也成为重要文件的主要装订方式。

6. 杨永德，蒋洁：《中国书籍装帧4000年艺术史》，中国青年出版社，2013年。

封面设计

文字元素 图像元素 色彩元素 材料选择

■ 著名文学家闻一多先生曾对"美的封面"的价值从主客体两方面做了精辟的分析:"（甲）主体上。（1）美的封面可以引起购买者的注意，（2）美的封面可以使存书者因爱惜封面而加分地保存本书，（3）美的封面可以使读者心怡气平，容易消化吸收本书的内容。（乙）客体上。（1）美的封面可以辅助美育，（2）美的封面可以传播美术。"

封面设计是书籍装帧艺术的重要组成部分，它的作用除保护书以外，更重要的是表达书籍的内容和格调。书本好像人的身体，封面就像人的面貌，是内在思想的凝缩，通过形象的表现，来体现书的内容和主题，从而给读者以艺术享受，并令读者产生阅读的兴趣。在"注意力经济"的当下，能否引起读者注意并进而激发其购买的欲望，封面设计是否得当，重要性不言自明。

封面是在册页形态的书籍出现后才开始出现的，传统的古籍封面一般以书名签的方式制作，将书名印在一张签条上，将签条粘贴在已经装订好的书籍封面的左上角处。而在元代，开始出现带有插图的封面形式，并在封面上刻有书名以及出版信息，如书坊名字和出版年代，与现代书籍的封面设计非常接近。

20世纪初期，得益于印刷技术的不断发展，书籍开始有了更多的创意设计空间。同时书籍的种类和内容也越加丰富，出版数量激增。为了更好地反映书籍内容，吸引读者阅读，书籍设计者渐渐将目光投向了书籍的封面：简单的图形绘制代替了设计单一的古籍封面，而后从图形设计转变为文字与图形的结合，促使书籍封面设计更加多样化。插图、书法、篆刻等多种艺术形式的加入，字体设计异彩纷呈，多样化的材质使用，让封面设计有了更加丰富的变化[7]。

书籍的封面设计看似繁复多样，实际上，其中所包含的元素不外乎文字、图案、色彩和材质四项。

7. 陈亚建：《中国书籍艺术史》，江苏凤凰文艺出版社，2018年。

文字元素

◆ 文字是书籍封面中必不可少的部分。封面上的文字是读者了解书籍内容的一把钥匙。从古籍封面到现代封面，文字都是封面的"主角"，任何一本书的封面中都会出现书名、作者名和出版社名。封面文字需要正确传达好信息，而且文字并非只是客观地传达信息，文字设计本身也能够表达出强烈的情感与力量。

《呐喊》

1926年7月，《呐喊》由北新书局印行第四版，由鲁迅先生设计的深红底色封面，正中上方是横长的黑色块面。色块内由他题写的书名和作者姓名反成阴文，横列的"呐喊"二字像是利刃雕刻而成，文字四周围着同样是阴文的细线，风格深沉雄浑，充满力量，表现了《呐喊》忧愤深广的美学格调。

图像元素

◆　图形是重要的视觉语言，能够直观地表达内容，使书籍封面更具感染力。图像拥有独特的艺术语言，具有独立的欣赏价值。

近代书刊早期的封面还是传统封面的延续，即用简单的文字列出书名、作者名、出版社名等主要内容。五四运动之后，知识分子意识到封面画的重要性，闻一多就在《出版物底封面》一文中明确提出，封面画应当作为书籍内文内容的一个象征符号。封面图像对于书籍信息的传播，有着独特的震撼力和直捷性。

《故乡》

陶元庆所作的封面《大红袍》，在新文学装帧史上被视为"里程碑式的作品"。新文学藏书家姜德明也认为《故乡》是"现代书籍装帧史上的经典之作"。

图像分具象和非具象两类，要根据书的内容加以选择。例如：纪实作品，宜选用具象的图像；科技题材、文学作品，宜选用非具象图像。

《便形鸟》——朱赢椿，中国知名书籍设计师，策划设计的图书《便形鸟》获2018年度中国「最美的书」。

色彩元素

◆　以色彩为设计要素也是常见的封面设计方式。得体的色彩表现和艺术处理，能在读者的视觉中产生夺目的效果。色彩的运用要考虑内容的需要，用不同色彩对比来表达不同的内容和思想。同时，成熟稳定的色彩系统也是出版社品牌形象的一部分，通过固定的色彩系统可以体现出版社独特的人文气质，也得以和其他出版机构区分，容易为社会所识别、所认同。

企鹅出版社色彩系统

企鹅出版社最初遵循一套色彩编码体系：橙色代表小说，蓝色代表传记，绿色代表犯罪题材，粉色则代表游记或探险类书籍。并采取经典的三段式封面——Penguin Books字样、书名及作者、企鹅标识。目前颜色系统主要用于口袋系列图书中作家的国籍分类。

三联灰

北京三联书店的书籍设计，一向特色鲜明，低彩度、中间色、灰调子，简洁素雅，富有人文韵味。在配色上，一本书的用色一般不超过三种，不让人有眼花缭乱的感觉，少用对比色，多用邻近色，总体呈现和谐含蓄的美。

材料选择

◆　除了传统的纸张，书籍封面还可运用不同的物料和印刷制作方法，造成不同的格调和效果。从古籍开始就已经有运用各种织物作为书籍封面的做法。精装书的封面面料很多，除纸张外，有各种纺织物，有丝织品，还有人造革、皮革和木质等。即便是平装书，也有通过刻印、烫金等不同印刷技术为书籍封面带来不同的触感和观感，为阅读增添更多趣味。

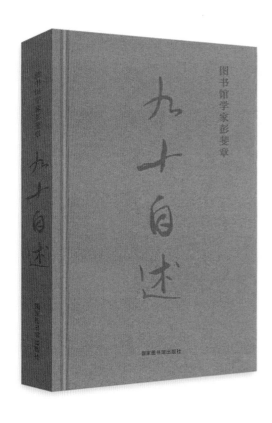

《图书馆学家彭斐章九十自述》

封面使用了布面烫金的工艺，精装，使得整书感觉沉稳、雅致。

《铜场年鉴》

「靳埭强设计奖」2019获奖作品，作者王子豪。书籍设计前后8页将TONE的形态模切同一位置，反面是不同形态点元素的扩散，对应「铜场年鉴」四个字，章节页前设计了两面撕拉页，撕开后，纸张的再造肌理与色彩衬托丰富了三张纸的层叠效果。

开本设计

将世界装进书中

■　书籍开本的大小可以明显地影响甚至左右阅读行为。书籍的尺寸实际上会制约读者的携带与收纳：便于携带的尺寸较有可能在通勤时阅读，大开本会在特定空间摊平阅读，方便回推思考。

正常人两手握书并能够保持灵动、轻松的动作，那么书籍就不宜超过以视点为中心的60°夹角范围：以成年人的手臂长度计算，当书籍完全展开时，横向距离一般不能超出80厘米。因此书籍的常用开本主要为16开本和32开本，其他不规则开本的尺寸往往也是在这两种开本界定的范围之内[8]。

◆　精美的大开本书籍深受读者喜爱。沉甸甸的大开本有着电子书所不具备的作为"物品"的存在感，需要在桌上摊开阅读的方式为阅读增添了浓厚的仪式感和氛围感。大尺寸也给了书籍内容更多的展示空间，给了书籍出版方和设计师驰骋其才华的宽阔舞台，可以容纳更多细节，提供更丰富的内容展现形式。

《DK博物大百科：自然界的视觉盛宴》

英国DK出版公司是著名的百科全书出版商，所出版的图书普遍在16开以上，胶版纸高清印刷的大量实物摄影图片，仿佛将博物馆搬到了书里。虽然图书非常厚重不便携带，但其优质的内容和精美的印刷装帧，使之成为艺术品，可供收藏传世，广受读者喜爱。

8.王莹莹：《基于读者体验的书籍设计研究》，北京交通大学硕士学位论文，2014年。
据中国优秀硕士学位论文全文数据库：
https://kns.cnki.net/KCMS/detail/detail.aspx?dbname=CMFD201402&filename=1014178060.nh。

将经典装进口袋

◆ 小开本图书的兴起，最早可以追溯到1935年。1930年代，读书还很奢侈，昂贵的精装书书费往往让普罗大众望而却步，而粗制滥造的廉价读物又不堪卒读。1935年，主张"便宜不廉价，高级又亲民"的出版社Penguin Books(企鹅图书) 在伦敦出版《企鹅丛书》，以高质量的小开本大众型图书开启了大众阅读时代。口袋书从此流行，并引发了一场"纸皮书革命"，对欧美国家乃至全世界的出版业，产生了深远影响。

文库本是风行日本的一种图书开本。日本岩波书店的创始者岩波茂雄在1927年以《岩波文库》为名，设计出小巧的"文库本"介绍古典文化和经典名著，因为其优点十分明显，进入市场后获得社会的普遍欢迎，并逐渐发展为日本书籍的一个特有品类。文库本开本尺寸统一为A6大小，可以轻易放入口袋，携带方便。我国出版界吸收了日本的经验，也陆续推出具有我国特色的文库。

《企鹅经典:小黑书》

《企鹅经典:小黑书》是企鹅出版集团在成立80周年之际开始推出的系列"文学册子"，选目磅礴丰富。口袋书开本设计，可以轻松放入口袋中，图书后勒口自带卡、票插槽，便于读者在通勤或旅途中轻松阅读。

《中华经典指掌文库》——2015年中华书局出版《中华经典指掌文库》小开本图书29本，这套书的开本是比照当时最大规格的手机设计的。文库取名「指掌」，是希望能在给读者提供浅显易读文本的同时，让书本实现一指可翻，一掌可握。

内文排版设计

竖横之变

■ 书籍设计中，内页版面的主要目的，是更清晰、条理、直观地阐述作者想要表达的内容，以方便读者更好地了解书籍的主题和构思，增加读者对文章逻辑链条的把握和理解。书籍版面的设计直接影响读者阅读的心理感受、情绪波动和最终效率[9]。好的版面设计会尽量体谅读者的阅读心情和阅读习惯，字号、字体，字距、行距间隔，分行、分段安排等诸多方面，莫不对阅读心理和阅读行为有微妙而即时的影响。

◆ 在我国长达3400年的"书籍"历史中，中国传统的书写和排印模式基本上都是由上至下、从右往左的竖排，这与中国长期书写和刻抄简牍时形成的习惯有关。而清朝末期的"西学东渐"对中国的传统竖排版式产生了巨大的冲击。越来越多的中西文混排的内容也让古老的竖排版式难以适应。于是，中国的书籍排版开始了横排的尝试。

1949年新中国成立之后，汉字左起横排、横写的问题受到更广泛的关注和重视。1955年元旦，《光明日报》率先在全国报刊中由右起竖排版改为左起横排版。鉴于《光明日报》横排试验的成功，1956年1月1日，《人民日报》等全国性报纸也改为横排。此后，全国各地的报纸和绝大多数的期刊相继改为横排。

到了现代，书籍排版的方向更加丰富多样，根据书籍的内容不同，横排、竖排、斜排等多种排列方式可以根据设计者的需要，综合而灵活地处理、使用，现代书籍内页排版形式丰富，为读者带来更多阅读趣味。不过，右行横排占了绝对的优势。

本书由中国建筑工业出版社出版，通过中日韩三国建筑设计师与书籍设计师的对话和设计作品展示，排版上文字间距拉得很开，或纵排、或横排、字号忽大、忽小或45°斜排，体现了不同的创造理念，空间意识与体例编排逻辑。

9. 李长春：《书籍与版式设计》，中国轻工业出版社，2006年。

历史的"场"
LOCUS - Identified by the History

从一个字到一本书——文字排版

◆　人类的眼睛视野范围是很有限的，所以好的版面设计能给读者恰当的视觉引导。通过版面设计，可以很好地引导读者视线，告诉读者最重要的信息是哪些，读者的阅读应该如何进行，让读者更容易找到书籍的重点内容，减轻读者的阅读负担和能量消耗。版面中适当的段落设置和留白给读者提供休息和思考的空间，同时控制读者的阅读节奏，让读者获得阅读的满足感。

大量的文字对于读者的耐性要求很高，为了使阅读过程简洁、高效，文字的大小、字距、行距都需要精心设置。当字距、行距太小而密不透风时，人们在阅读的过程中很容易产生视觉疲劳，也容易读错行；当字距、行距太大而疏可跑马时，人们容易注意力涣散而放弃阅读。

人们的眼睛在观察画面的过程中存在着根据需求筛选信息的功能，在同样的画面条件下，视觉会有限选择那些差异性较大和对视觉刺激较强的信息，物理上的大小、位置和明度能够直接作用于阅读逻辑的先后。因此通过调整文字的字体、字号、颜色、粗细等可以吸引读者的视线，使主要的文字内容更加突出醒目，读者在阅读的过程中能够对其优先注意[10]。

他以一双无视外部世界飞速发展变化的眼睛面对日常生活，以谦虚但同时尖锐的目光寻找其设计被需要的所在，并将自己精确地安置在他的意图能够被赋予生命的地方。当我们的日常生活正在越来越陷入自身窠臼之时，他敏锐地感知到了设计的征候和迹象，并且自觉自主地挑战其中的未知领域。他的设计作品显现出来的不落陈规的清新，在于他找到了设计被需求的空间并在其中进行设计。在这样的态度，他下拓展了设计的视野和范畴，在他所经历之处，崭新的地平线不停地被发现和拓展。

字距与行距几乎没有区别
读起来让人觉得很累

他以一双无视外部世界飞速发展变化的眼睛面对日常生活，以谦虚但同时尖锐的目光寻找其设计被需要的所在，并将自己精确地安置在他的意图能够被赋予生命的地方。当我们的日常生活正在越来越陷入自身窠臼之时，他敏锐地感知到了设计的征候和迹象，并且自觉自主地挑战其中的未知领域。他的设计作品显现出来的不落陈规的清新，在于他找到了设计被需求的空间并在其中进行设计。在这样的态度下，他拓展了设计的视野和范畴，在他所经历之处，崭新的地平线不停地被发现和拓展。

舒适的字距与行距
让人在阅读时心情愉悦

字号、字体、间距

10.冯巍：《文字设计与编排是书籍设计视觉传达的基石》，哈尔滨师范大学硕士学位论文，2013年。
据中国优秀硕士学位论文全文数据库：https://kns.cnki.net/KCMS/detail/detail.aspx?dbname=CMFD201401&filename=1013360172.nh。

版面

指在书刊、报纸的一面中图文部分和空白部分的总和，即书报杂志上每一页的整面。通过版面可以看到版式的全部设计。

书眉

排在版心上部的文字及符号统称为书眉。它包括页码、文字和书眉线。一般用于检索篇章。

页码

书刊正文每一面都排有页码，一般页码排于书籍切口一侧。印刷行业中将一个页码称为一面，正反面两个页码称为一页。

注文

又称注释、注解，对正文内容或对某一字词所作的解释和补充说明。排在字行中的称夹注，排在每面下端的称脚注或面后注、页后注，排在每篇文章之后的称篇后注，排在全书后面的称书后注。在正文中标识注文的号码称注码。

标题文字与正文完全一样，不易辨认

版面

指在书刊、报纸的一面中图文部分和空白部分的总和，即书报杂志上每一页的整面。通过版面可以看到版式的全部设计。

书眉

排在版心上部的文字及符号统称为书眉。它包括页码、文字和书眉线。一般用于检索篇章。

页码

书刊正文每一面都排有页码，一般页码排于书籍切口一侧。印刷行业中将一个页码称为一面，正反面两个页码称为一页。

注文

又称注释、注解，对正文内容或对某一字词所作的解释和补充说明。排在字行中的称夹注，排在每面下端的称脚注或面后注、页后注，排在每篇文章之后的称篇后注，排在全书后面的称书后注。在正文中标识注文的号码称注码。

通过改变标题的字体大小和颜色，强调文章层次

标点符号的使用

◆　严格来说"标点符号"是一个并列短语，狭义的"标点"是断句用的，而"符号"则同时代表特殊的意义。标点符号其实是一个商业行为的结果：书商希望通过大量印刷来摊薄成本，于是发明了标点符号，让书变得更容易读，人们可以读得更快。

传统的"标点"仅包括句读，它仅表明断句（断意思）的位置，除了断句之外还有其它的意义的则是"符号"。

永乐大典
传统文献中的标点

第一个从国外引进标点符号的人是清末同文馆的学生张德彝。同治七年（公元1868年）2月，前驻华公使蒲安臣带领"中国使团"出访欧美，张德彝是随团人员中的一名。1868年至1869年期间，他完成了《再述奇》（现名为《欧美环游记》），其中有一段介绍西洋的标点符号。1897年，广东东莞人王炳耀[11]参考了外国新式标点，拟出10种标点符号：

，　　一读之号

·　　一句之号

。　　一节之号

∨　　一段之号

：　　句断意连之号

—　　接上续下之号

！　　慨叹之号

ⅰ　　惊异之号

？　　诘问之号

「」　释明之号

---

11. 资料来源：《中国语言学人名大辞典》。王炳耀，字煜初，广东东莞人。清末语音学家。著有《拼音字谱》一书，1897年刊行。此书用速记符号和拉丁字母对音，根据粤东音拟成，以此为基础加以增减，可拼其他方音。又根据词义和词类另定"义符"，加在音符上。是研究我国拼音文字史的参考资料。

纸与书

BOOK&PAPER

《中国哲学史大纲》 胡适著 上海商务印书馆1919年2月出版，是用白话和新式标点的第一部「新书」。

中國哲學史大綱卷上（古代哲學史）

第一篇 導言

哲學的定義　哲學的定義從來沒有一定的。我如今也暫下一個定義：「凡研究人生切要的問題，從根本上著想，要尋一個根本的解決：這種學問叫做哲學。」例如行為的善惡乃是人生一個切要問題。平常人對著這問題，或勸人行善去惡、或實行賞善罰惡，這都算不得根本的解決。哲學家遇著這問題，便去研究什麼叫做善，什麼叫做惡；人的善惡還是天生的呢？還是學得來的呢？我們何以能知道善惡的分別，還是生來有這種觀念，還是從閱歷經驗上學得來的呢？善何以當為，惡何以不當為、還是因為善事有利所以當為，惡事有害所以不當為呢、還是只論善惡不論利害呢：這些都是善惡問題的根本方面。必須從這些方面著想，方可希望有一個根本的解決。

因為人生切要的問題不止一個，所以哲學的門類也有許多種。例如

一、天地萬物怎樣來的。（宇宙論）

兰宾汉著，书中对国家颁布的《标点符号用法》中规定的17种标点符号做了全面解读，其中特别体现了对2011年新国标中新修订内容的介绍。

第一篇　导言

哲学的定义

哲学的定义，从来没有一定的。我如今也暂下一个定义："凡研究人生切要的问题，从根本上着想，要寻一个根本的解决，这种学问，叫作哲学。"例如行为的善恶，乃是人生一个切要问题。平常人对着这问题，或劝人行善去恶，或实行赏善罚恶，这都算不得根本的解决。哲学家遇着这问题，便去研究什么叫作善，什么叫作恶；人的善恶还是天生的呢，还是学得来的呢；我们何以能知道善恶的分别，还是生来有这种观念，还是从阅历经验上学得来的呢；善何以当为，恶何以不当为；还是因为善事有利所以当为，恶事有害所以不当为呢；还是只论善恶，不论利害呢。这些都是善恶问题的根本方面。必须从这些方面着想，方可希望有一个根本的解决。

因为人生切要的问题不止一个，所以哲学的门类也有许多种。例如：

一、天地万物怎样来的。（宇宙论）

二、知识、思想的范围、作用及方法。（名学及知识论）

三、人生在世应该如何行为。（人生哲学，旧称"伦理学"）

四、怎样才可使人有知识，能思想，行善去恶呢。（教育哲学）

五、社会国家应该如何组织，如何管理。（政治哲学）

六、人生究竟有何归宿。（宗教哲学）

民主与建设出版社2016年出版的《中国哲学史大纲》，标点符号使用标准依据为《标点符号用法》(GB/T15834-2011)。

标点符号用法手册

兰宾汉 © 著

商务印书馆
国际有限公司

书脊
目录页
版权页
序言
章节页
注释
书目
索引
引文索引

● 一本书中所包含的信息量很大，但很多时候人们只须获得其中某些自己特别需要的具体信息，尤其在现当代，图书数量如山似海，周遍的阅读事实上并无可能，因此提供清晰检索的途径，对一本书来说就必不可少。

书籍中用于构成检索元素的主要是目录、章节页、书眉和页码等。除了这些传统的书籍检索方式，在现代书籍设计中，还经常在书籍的书口、书顶（上切口）和书根（下切口）等书页空白较多处安排检索功能，在这些地方一般会记载书籍的题名、篇章名、作者、关键词和摘要等，这些设计共同构成了书籍的检索系统，读者可以运用这些线索与规律快速地定位查找自己所需的信息，大大提高了搜寻速度和阅读效率[12]。

12. 姚怡：《书籍中的检索功能设计研究》，硕士学位论文，湖北美术学院科技图像专业，2018年。
据中国优秀硕士学位论文全文数据库：https://kns.cnki.net/KCMS/detail/detail.aspx?dbname=CMFD201802&filename=1018178541.nh。

■ 传统书籍的书脊上一般是没有印刷任何信息的。到了18世纪，由于印刷业的发展，开始出现了多卷丛书，为了便于读者区别不同单册，书商将卷次印刷在书脊上，自此书脊上开始出现文字，此举同时也开启了书脊设计的大门。现代书脊一般会出现作者名、译者名、卷次、期次及出版社名称等，读者通过书脊就可以大致了解书籍的基本信息。

由于书脊空间有限，又需要尽可能多地容纳书籍的基本信息，因此出品方往往会在书脊上印上出品方或者丛书系列的LOGO，让读者可以快速锁定书籍的相关出版信息。

《企鹅青少年文学经典系列》

色彩具有强大的视觉冲击力，可以在第一时间吸引读者的眼球，并使读者在书架上的众多书脊中迅速捕捉到自己的目标图书。

《国学备览》[典藏版]（12卷）

书脊上的LOGO

书籍的导览
——目录页

■ 一本书中，目录页是揭示图书内容和篇章结构的"航标"。读者可以根据目录快速定位到想要阅读的章节内容。

目录由图书的篇目文字构成，为了使抽象的文字思维能够快速转化为具象视觉，图文结合的目录页开始出现。通过图形，直接作用于人，最能打动读者，获得读者心理认可，最终实现信息传播[13]。

《DK博物大百科：自然界的视觉盛宴》目录
英国DK公司编著　科学普及出版社　2018年

目录在书籍中起到导读的作用，其内容必须准确，书籍内容与目录存在着一一对应的关系。目录页应逐一标注该行目录在正文中的页码，标注页码清楚无误，书籍文章的各项内容，都应在目录中反映出来，不得遗漏。

13. 韩继婷：《书籍目录页设计的审美形式研究》，河北科技大学硕士学位论文，2016年。据中国优秀硕士学位论文全文数据库。https://kns.cnki.net/KCMS/detail/detail.aspx?dbname=CMFD201701&filename=1017011060.nh。

■ 版权页对书籍而言相当重要，但也最易为人所忽略。版权页是记载知识产权所有者等信息的页面。它显示有关本书的各种责任信息，便于发行机构、图书馆和读者查阅与鉴别。书的版权页好比人的身份证件，是甄别正版和盗版的重要参考。

版权是一个现代的法律概念，但版权页却是一个古老的东西。早在南宋中叶，中国就已经出现了版权声明，称为牌记（也称墨围）。眉山程氏刊印的《东都事略》一书后有"眉山程舍人宅刊行，已申上司不许覆板"，是迄今为止被发现的世界上最早印在书上的版权保护文字。

可见，笼统叙说中国历史上没有私权和权利意识，是经不起验证的泛泛之谈。

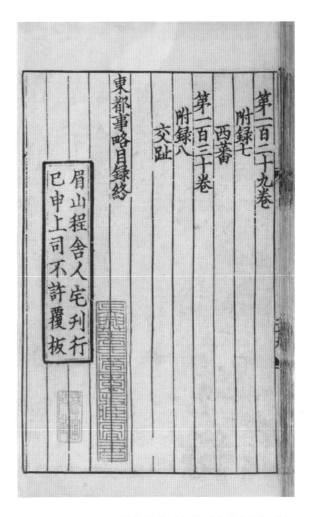

眉山程氏刊印的《东都事略》牌记

序言

写序成书

■ 《现代汉语词典》对序言的解释是："（也称为序文、叙言）一般写在著作正文之前的文章。有作者自己写的，多说明写书宗旨和经过。也有别人写的，多介绍或评论本书内容。"简而言之，序言就是为帮助阅读而在正文之前以各种不同的方式来谈论正文和作者的文本。根据序言与正文之间的关系和序言本身的功能，序言可以分为导读型与提供背景型两大类。

◆ 蒋百里的《欧洲文艺复兴史》于1920年12月初完稿后，请梁启超作序。梁启超欣然应允，但下笔后竟不能自已，几天时间便写成洋洋6万余言，篇幅几乎与蒋百里的著作相当。显然，如此长的序文，跟体例违和，梁启超只好将序言单独成书，于1921年2月由上海商务印书馆出版，这就是颇负盛名的《清代学术概论》。

《清代学术概论》是我国第一部系统总结清代学术思想史的著作。本书共有三篇序言，梁启超本人撰写的自序两篇，此书在出版之前，反过来请蒋百里作序，第三篇《〈清代学术概论〉序》由蒋百里所写。接着，梁启超又为蒋百里的《欧洲文艺复兴史》重新撰写了序言。蒋梁二先生的互动，可谓一段序言佳话。

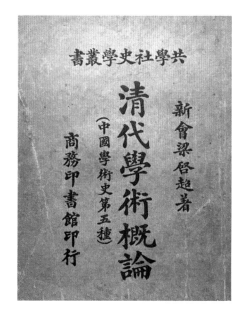

自序

自序 　　梁启超 　　2016-07-07

（一）吾著此篇之动机有二。其一，胡适语我：晚清"今文学运动"，于思想界影响至大，吾子实躬与其役者，宜有以纪之。其二，蒋方震著《欧洲文艺复兴时代史》新成，索余序，吾觉泛泛为一序，无以益其善美，计不如取吾史中类似之时代相印证焉，庶可以校彼我之短长而自淬厉也。乃与约，作此文以代序。既而下笔不能自休，遂成数万言，篇幅几与原书埒。天下古今，固无此等序文。脱稿后，只得对于蒋书宣告独立矣。

（二）余于十八年前，尝著《中国学术思想变迁之大势》，刊于《新民丛报》，其第八章论清代学术，章末结论云：

此二百余年间总可命为中国之"文艺复兴时代"，特其兴也，渐而非顿耳。然固俨然若一有机体之发达，至今日而菶菶郁郁，有方春之气焉。吾于我思想界之前途，抱无穷希望也。

第二自序

第二自序 　　梁启超 　　2016-07-07

（一）此书成后，友人中先读其原稿者数辈，而蒋方震、林志钧、胡适三君，各有所是正，乃采其说增加三节，改正数十处。三君之说，不复具引。非敢掠美，为行文避枝蔓而已。丁敬礼所谓"后世谁相知定吾文者耶"；谨记此以志谢三君。

（二）久抱著《中国学术史》之志，迁延未成。此书既脱稿，诸朋好益相督责，谓当将清代以前学术一并论述，庶可为向学之士省精力，亦可唤起学问上兴味也。于是决意为之，分为五部：其一，先秦学术；其二，两汉六朝经学及魏晋玄学；其三，隋唐佛学；其四，宋明理学；其五，则清学也。今所从事者则佛学之部，名曰《中国佛学史》，草创正半。欲以一年内成此五部，能否未敢知，勉自策厉而已。故此书遂题为"中国学术史第五种"。

（三）本书属稿之始，本为他书作序，非独立著一书也，故其体例不自惬者甚多。既已成编，即复怠于改作，故不名曰《清代学术史》，而名曰《清代学术概论》，因著史不能若是之简陋也。五部完成后，当更改之耳。

九年十一月二十九日

《清代学术概论》序

《清代学术概论》序 　　梁启超 　　2016-07-07

方震编《欧洲文艺复兴史》既竣，乃征序于新会。而新会之序，量与原书埒，则别为《清学概论》，而复征序于震。震惟由复古而得解放，由主观之演绎进而为客观之归纳，清学之精神，与欧洲文艺复兴，实有同调者焉。虽然，物质之进步，迟迟至今日，虽当世士大夫大声以倡科学，而迄今乃未有成者，何也？

且吾于清学发达之历史中亦有数疑问：

一、耶稣会挟其科学东来，适当明清之际，其注意尤在君主及上流人，明之后、清之帝皆是也。清祖康熙，尤喜其算，测地量天，浸浸乎用之实地矣。循是以发达，则欧学自能逐渐输入。顾何以康熙以后，截然中辍，仅余天算，以维残垒？

二、致用之学，自亭林以迄颜李，当时几成学者风尚。夫致用云者，实际于民生有利之谓也，循是以往，亦物质发达之门。顾何以方向转入于经典考据者，则大盛，而其余独不发达？至高者，勉为附庸而已。

章节页

册　写纸　《江苏老行当百业写真》　龚为摄影　潘文龙撰文　江苏凤凰教育出版社　2018年

■　章节页，是一种总结性的概括页面，包括了文章的主题内容和相关信息，在专业术语中，又被人们称为辑页、中扉页、隔页。篇章页来源于古书的"篇"，在古书中，每篇正文结束后，往往会有一句提示性或总结性的结束语，以表意义完结。现代图书中的章节页多采用单页或用有颜色的纸张作为隔断，一般会提示下一部分的内容，例如章节名称、内容摘抄等。

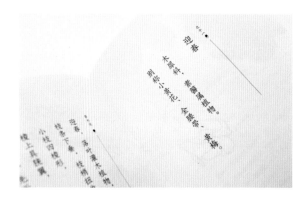

《花重锦官城·成都物候记》

阿来著　成都时代出版社　2018年

不可或缺的注释

■ 一本书的作者或译者在撰写该书的时候，为了便于读者理解，消除读者不必要的知识障碍，给读者更好的阅读体验，会在有必要的地方加上注释。常见的注释形式有脚注、尾注、随文注。注释也是书籍内容的重要组成，是专为读者架设的理解作品的桥梁。注释的内容范围很广，字词音义、时间地点、人物事迹、典故出处、时代背景等，都可能成为注释对象。

先秦时期就已经出现了书籍注释。中国古代将不同内容和形式的注释细分为注、释、传、笺、疏、章句等。

现代学术作品的注释一般分内容解释和来源解释两种。前者多对文章或书籍中某一部分词句做进一步说明，为了防止冗杂而把它放在段落之外（文末或页边）。后者一般是为了保障原作者的著作权，注明某语句、词语、观点的来源，以便读者查证。

"中华传统文化百部经典"《诗经》页面中的内容注释

《尔雅》

《尔雅》是现存中国古代最早一部解释语词的著作，是秦汉间学者依据春秋战国秦汉的旧书文编辑而成。《尔雅》保存了中国古代早期丰富的百科知识，是后人学习和研究语词变化、动植、建筑、器物等历史信息的重要著作。由于成书较早，文字古朴，长期辗转流传中，文字难免脱落有误，早在汉代就有不少内容世人难以看懂。从西汉开始，历代学者都会为它写注。

这个乾隆庚辰本影印本「脂砚斋重评石头
记」第二册的目录之前,有影印的一幅曹
雪芹小像,画着一个有微鬍的胖的人,
坐在竹林园外边的石头上。画是横幅,下面有衔
字一行:
(筐图)
乾隆间王冈绘曹霑(雪芹)小象(一名幽)

《胡适口述自传》
内页

《胡适口述自传》是唐德刚先生根据哥伦比亚大学中国口述历史学部1972年公布的英文原稿翻译而来。唐氏译稿时常常根据自己接触、访谈胡适的经过,将访谈中的质疑、问难与感想等眉批材料整理成注释。全书23万字,12章,共有唐注165条、9万余字,占总字数的39%左右,与胡述差不多是四六开。这在书籍中颇为罕见。

梁任公胡適之先生審定
研究國學書目

會文堂新記書局
北平廠甸
電話南局二一四六二

圖錄

中國通俗小說書目

孫楷第 著

四庫全書答問

上海啟智書局印行

國學基本叢書
文淵閣書目

书目：众里寻他千百度

《中国通俗小说书目》

孙楷第著　中华书局　1912年

共著录了自宋至清已佚和见存的小说书目近千种。著者态度严谨，著录书目必经目验，是明清小说版本研究的必读书，百年来版本研究的先驱和基础。

■　清代王鸣盛在《十七史商榷》中言："凡读书最切要者，目录之学。目录明，方可读书；不明，终是乱读。"目录也称书目，可以指导读者掌握文献的基本情况，提供查找文献的必要线索与方法。目录"辨章学术、考镜源流"，从学术史的角度揭示书籍内容，对于研究者迅速掌握相关领域学术源流，意义重大。书目是一种非常古老的检索工具。

春秋战国时期，诸子百家争鸣引爆了我国历史上第一段文化繁荣期，各流派著述纷起，逐渐产生出文献分类的需求。孔子率先分类整理文献，编成《诗》《书》《礼》《易》《乐》《春秋》六经，成为古代最早有史可据的文献分类。我国古代图书分类的正式出现以刘歆的《七略》为标志，至清代《四库全书总目》成熟。而在现代，由于出版物的数量太多，传统的纸质目录已经不敷需要，因此大多数的书目如今都以数据库的方式呈现。

《增订书目答问补正》

（清）张之洞编撰；范希曾补正；孙文泱增订
中华书局　2011年
从学术史和教育史的意义上说，本书是近现代中国古典学术史上影响最为深远广大的导读书目之一。

《图书馆学书目举要》

吴慰慈主编
北京图书馆出版社　2004年
列举介绍了图书馆学最基本、最具代表性的242部学术著作，内容涵盖了图书馆学的基本领域。其覆盖的基础知识体系可为图书馆学、情报学以及其他相关专业人士的研究提供参考，还可以作为其他专业人士涉猎图书馆学学科知识的一扇窗口。

知识诚可贵 索引价亦高[14]

■ 索引，旧称通检、备检、韵编，又称引得，为Index音译。我国著名语言文字学家、世纪老人周有光曾说："我国旧书大都没有索引，索引的重要性一向没有得到充分注意，这是传播知识的一大障碍。"随着20世纪20年代"索引运动"的兴起，索引才开始被更多学者们所认识和了解。索引把一种或多种书（刊）里的具体内容，如字、词、句、人名、地名、书名、篇名、主题等摘录出来，逐一注明原书/刊出处，将这些内容按某种排检法编排，便于查检。按照索引的不同呈现状态，可分为书本式索引、期刊式索引和附录式索引。

《徐霞客游记》

（明）徐弘祖著；褚绍唐，吴应寿整理

上海古籍出版社　2011年

该书系我国地学史上的重要著作，也是一部富有特色的游记，生动记述了作者30余年中对祖国名山大川，特别是西南地区实地考察的心得。本书与其他版本的最大不同在于，将书中涉及的地名、地貌等名词都做了详细的索引，为读者查找相关内容提供了方便。

《唐五代文作者索引》

陈尚君编　中华书局　2010年

该书为陈尚君先生针对唐五代时人所撰今知存世之文而编制的作者索引。索引按作者姓名的四角号码编次，各条目指明所据文献的卷次页码等，并注明帝号、谥号、讳字等别称情况。姓名缺字、不详者亦专表别行。

14. 张琪玉：《知识诚可贵 索引价亦高——简论索引的功用》，《中国索引》2003年第3期。

■ 引文和参考文献是读者在阅读的时候很容易忽略的内容，但对于学科研究来说，却是非常有价值的研究材料。通过将不同文献中的参考文献编在一起，揭示出不同文献之间的引文关系，就形成了引文索引。简单来说，引文索引就是通过一本书或一篇文章的参考文献不断追溯某一主题的相关文献，最终形成的一个专题文献网络。引文索引是学术价值的一个重要衡量依据。一份文献的引用情况，一定程度上可以反映该文献的学术价值和学科影响。

中文社会科学引文索引
Chinese Social Sciences Citation Index

来源文献	被引文献		
被引篇名(词) ▼		Q 搜索	高级检索>>>

期刊导航：◆来源期刊（2017-2018）　　扩展版来源期刊（2017-2018）

法学	高校综合性学报	管理学	环境科学
教育学	经济学	考古学	历史学
马克思主义理论	民族学与文化学	人文、经济地理	社会学
体育学	统计学	图书馆、情报与文献学	外国文学
心理学	新闻学与传播学	艺术学	语言学
哲学	政治学	中国文学	宗教学
综合社科期刊	中国少数民族语言文字典	汉语类	外语类

CSSCI数据库首页

当代最著名的引文索引是由加菲尔德建立的科学情报社编辑出版的《科学引文索引》（SCI）、《社会科学引文索引》（CSCI）、《艺术与人文科学引文索引》（A&HCI）。我国的《中国社会科学引文索引》（Chinese Social Sciences Citation Index，简称CSSCI）、中国科学引文数据库（Chinese Science Citation Database，简称CSCD）等也是学术科研必不可少的参考资源。

书也可以是立体的
互动阅读体验设计
纸屏结合的跨界阅读

● 阅读是一种需要互动参与，调动多种感官共同作用的信息接收过程，翻阅触摸、眼看心读缺一不可[15]。在新的阅读中，书籍设计通过增加视觉以外的其他感官设置，比如加入互动设计、感官体验设计，变得立体起来，为阅读带来更多新的体验。

■ 立体书，也叫可动书（Movable Book），早期的立体书被应用于医学、宗教等领域内，也有少数面向儿童传播圣经故事的立体书被设计出来。18世纪以后，立体书的读者才以儿童为主。早期的立体书主要是在平面空间上实现"互动"，以"翻翻页""抽拉画片""溶景转盘"为主要的互动形式。到19世纪中叶，出现"弹出式"立体结构——书中的角色在翻开的瞬间，弹出变成三维立体结构，又能完好折叠变回平面。

《场所与空间：阿那亚精神建筑立体手册》

立体结构工程师：齐霄
书中所有建筑实物均来自秦皇岛阿那亚，立体结构复原参考了原有建筑设计和建筑外观。

书中立体结构由立体书联盟独立设计完成。

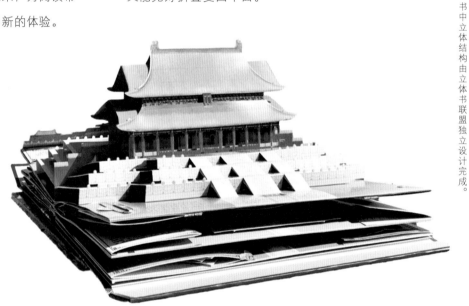

《打开故宫》

跃然纸上编绘；王伟纸艺设计
电子工业出版社　2020年
《打开故宫》以建筑为线索，内容涉及历史文化、中国建筑、政治人物、文物精粹、宫廷生活、古代科技等方方面面。12开超大尺寸，每页都是一座宏伟的宫殿，完全展开后长达3.2米。书中包含78个互动机关，全面展示了故宫的主体结构。

15.高瞻程：《基于阅读体验的跨界书籍设计研究——以<红楼梦>为例》，山东大学硕士学位论文，2018年。
据中国优秀硕士学位论文全文数据库：
https://kns.cnki.net/KCMS/detail/detail.aspx?dbname=CMFD201802&filename=1018108141.nh。

互动阅读体验设计

■ 如今的图书设计已经不再满足于单纯的视觉传达，而是尽力营造出更加身临其境的氛围感，让受众群体可以通过多种感官渠道去获取一本图书所传达的信息[16]。书，除了可以用来读，还可以闻、可以听、可以玩！

《S·忒修斯之船》

(美) J·J·艾布拉姆斯，道格·道斯特著；颜湘如译
中信出版集团　2016年
打开《S·忒修斯之船》，能看见一本1949年出版的旧书《忒修斯之船》，书脊上贴着图书馆藏书编目标签，书末附有图书馆借阅记录；在泛黄的、布满咖啡渍、霉斑的内页上，写满多种颜色的手写字：铅笔、蓝、黑、橙、棕黑……此外，还有23个材质各异的附件。这一切将开启一段惊心动魄的推理之旅。

16.张超：《当代阅读语境下书籍设计五感的互动研究》，鲁迅美术学院硕士学位论文，2018年。
据中国优秀硕士学位论文全文数据库：https://kns.cnki.net/KCMS/detail/detail.aspx?dbname=CMFD201802&filename=1018149045.nh。

《妙妙香味书》

（法）玛丽·黛罗斯特 文；

（法）朱莉·诗赫载德 图；荣信文化 译

未来出版社　2013年

书内含有23种花卉香味，21种水果蔬菜香味，11种绿植树木香味，有助于幼龄儿童感知自然。好的嗅觉设计不仅可以加深阅读印象，增强记忆，还可以愉悦身心，放松心情，让阅读体验过程变得更加享受。

发声书

发声书是基于电子芯片技术的一种新型电子读物，由扬声器和图书配套组成。通过发声书，可以很好克服儿童不会认字、盲人无法识字的障碍。

《刘小东在和田＆新疆新观察》

刘小东、侯瀚如、阿城、杨波、欧宁、黄振伟 编　小马哥、橙子 设计　中信出版社　2013年

整本书的创新之处就在于翻阅方式上的设计。像一座开放式的建筑，设计师并没有明确『入口—出口』，也没有规定参观路线，整个流程由进入的参观者自行决定，产生了互动参与的强烈感受。该书获2014年『世界最美的书』铜奖。

纸屏结合的
跨界阅读

■ 在数字化阅读的浪潮下，实体书籍吸收了电子书籍和相关设计的长处和优点，将书籍设计与多媒体结合、与虚拟现实结合、与体验设计结合，从单一纸质载体走向多元载体，从静止阅读方式走向动态阅读方式，从单向信息传递走向双向信息交换[17]。在跨界浪潮的推动下，书籍设计呈现出新的特征和方向。

《谜宫·如意琳琅图籍》

王志伟等编　故宫出版社　2018年

《谜宫·如意琳琅图籍》是故宫首本创意互动解谜书籍。翻开泛黄书页，书中充满了墨笔小字、精美插画、奇特符号。随书附有18件暗藏玄机的附件。书中包含30多个环环相扣的谜题任务，引入与书本阅读配套的手机端软件，是对单纯文字阅读体验的突破。

《谜宫·金榜题名》

王志伟等编　故宫出版社　2020年
受《谜宫·如意琳琅图籍》成功的鼓励，2019年，故宫出版社联合奥秘之家再次出版了互动解谜游戏系列图书《谜宫》的第二部《谜宫·金榜题名》。

17.高瞻程：《基于阅读体验的跨界书籍设计研究——以<红楼梦>为例》，山东大学硕士学位论文，2018年。
据中国优秀硕士学位论文全文数据库：
https://kns.cnki.net/KCMS/detail/detail.aspx?dbname=CMFD201802&filename=1018108141.nh。

纸屏结合的
跨界阅读

《跨超本红楼梦》

（清）曹雪芹原著；红楼梦世界编创

南京师范大学出版社　　2014年

《跨超本红楼梦》是集影视、音乐、游戏、增强现实体验、线下实景体验等多种互动模式于一体的新型数字出版物，是我国多媒体数字出版物的优秀代表，实现了经典文学与数码技术的完美结合，是书籍阅读体验设计方面的一大创举。该书荣获2014年"中国最美的书"称号。

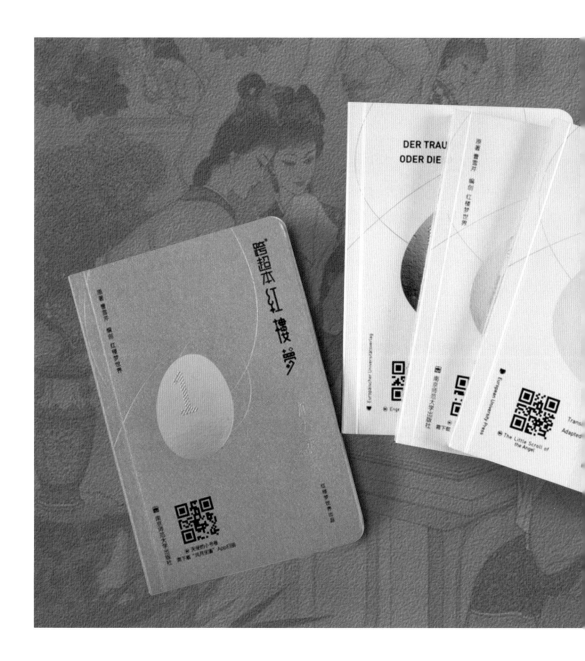

《青春版·红楼梦》

（清）曹雪芹著　三秦出版社　2016年

为更符合现代城市年轻人的阅读习惯，新世相与果麦文化推出《青春版·红楼梦》。该版本采用国际通行的A6大小的文库本尺寸和瑞典轻型纸，图书大小适合单手阅读，并可装进大部分手提包内。在与多媒体结合方面，随书推出App"红楼"，包含在线辅助阅读工具，在线资料检索，"万人读红楼"社区等功能。读者可以启用导读服务，获得当天计划阅读内容的导读推送信息。

全新的体验——屏读

纸 与 屏
BOOK & EBOOK

电子阅读器
电子书版式设计
封面
字体
阅读方式
个性化定制
阅读社区
个性化阅读服务
即时解惑
活灵活现
悦听
沉浸式阅读
没有围墙的图书馆

全国首届图书馆杯主题海报设计大赛作品《阅读空间》 作者：马燕

■ 数字阅读方式的兴起已有一段时期。早在20世纪90年代初期，就已经可以使用计算机网络收发电子邮件、浏览网页。即时通讯软件的风行，使网民人数大幅度上升。搜索引擎技术的发展，加速了人们之间的信息互通。各种电子书、电子报刊、知识库，如雨后春笋般不断涌现[18]。

2000年以来，形态各异的电子阅读设备相继问世，诸如亚马逊公司的Kindle、苹果公司的iPad、掌阅的Ireader等，掀起的数字阅读热潮冲击着地球的各个角落。与此同时，世界范围内大规模的纸质图书数字化工作也在紧锣密鼓地推进着。全球信息基础设施的建设，全球数字图书馆的兴起，几乎是一股无法遏止的大潮，让人振奋，也让人目眩失衡。在网络世界中，信息与知识离我们仅一屏之遥。

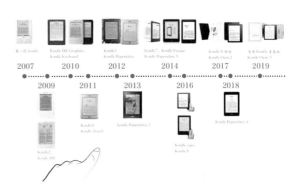

Kindle发展历程图

电子阅读器是利用电子墨水技术提供类似纸张阅读感受的新式阅读设备。

1998年，第一台商用阅读器火箭电子书连同此后的软书（Soft Book）面世，它们是各款阅读器的先驱。第一阶段的阅读器基于液晶显示技术，供电时间不长、内存较小、稳定性不够，没有取得很好的市场成绩。

2004年，索尼公司推出采用电子墨水技术的Librie电子书阅读器，它标志着整个阅读器行业进入一个新时代。

2007年，第一代Kindle阅读器正式推出，全球掀起电子书阅读热潮。

18. 李东来、李世娟：《图书馆数字阅读推广》，朝华出版社，2015年。

电子书版式设计

■ 科技发展，让人们的阅读从"纸"到"屏"。人们的阅读行为也从"平阅读的传统"向"屏阅读的时代"转型。电子书在形态和载体上的改变，使得人们的阅读习惯、阅读思维和阅读方式都发生"断裂"危险，这对电子书的设计带来新的挑战。为了让电子书更贴近纸质书的质感，移动阅读App通常使用接近纸张的色彩或肌理充当阅读的背景色，还设计了类似纸张的翻页动画，以模拟延续纸本阅读的习惯。

电子书呈现给读者的是一个个独立在电子屏幕上的界面。电子书的界面版式运用了多种视觉构成方法和清晰的逻辑思路，合理组合编排阅读功能、图书内容和主题，使信息能够有效传达给用户。

优秀的版式设计可以让电子书界面主次分明，导航清晰明了，编排合理有序，凸显内容、深化主题，引导读者高效处理信息，让读者更好地理解内容[19]。

掌阅App《平凡的世界》　│　Kindle App《消逝的物种》

19.董进：《基于用户体验的移动阅读类APP界面设计与研究》，长春工业大学硕士学位论文，2016年。
据中国优秀硕士学位论文全文数据库：https://kns.cnki.net/kcms2/article/abstract?v=DbNU1Fi_fRXrR3zz5LurvK6b-J_vxq2KYWKHhRS7Qm
PunaStPV4IlDYxteWZK4oWFybH9MV9LLlFW6_QM-B-C3Te2t4azPQMjJHyoq7vwiUshnSBo5UFWA==&uniplatform=NZKPT&language=CHS。

QQ阅读书架

掌阅书架

■ 电子阅读的载体就是一座"移动图书馆"。文字从纸张"搬到"屏幕，"汗牛充栋"将成为历史。将巨量的图书集合在一起，随身携带一座图书馆，电子阅读器的这一功用前景无限。

电子书借助电子设备在虚拟空间里的可视化呈现，没有了厚度，没有了重量，没有了封面、纸张、书脊等，代替的是通过电子显示器的屏幕显示出来的版面。

对于电子书而言，图书的封面只是在电子书城和书架上用来辅助展现图书内容的方式之一，呈现的尺寸十分有限，只是大体显现图书名称、作者等基本信息，广告功能大大减弱。

量身定做的字体

■ 当屏幕替代纸张成为阅读媒介，文字不再有油墨压印出来的凹凸感，而是通过屏幕呈现出来，因此二者之间字体的选择就有区别。通常衬线字体适合印刷使用，而无衬线字体更适合屏幕。受屏幕分辨率的影响，字体笔画粗细多变的衬线体在屏幕的渲染下，笔画边缘轮廓有时会显得极为模糊，效果没有简洁干净有线条感的无衬线字体好。

衬线体

无衬线体

思源黑体 CN Regular

▌中文字样

黄金榜上。偶失龙头望。明代暂遗贤，如何向。未遂风云便，争不恣狂荡。何须论得丧。才子词人，自是白衣卿相。

烟花巷陌，依约丹青屏障。幸有意中人，堪寻访。且恁偎红倚翠，风流事、平生畅。青春都一饷。忍把浮名，换了浅斟低唱。

▌英文字样

Lorem ipsum dolor sit amet, consectetur elit.
LOREM IPSUM DOLOR SIT AMET, CONSECTETUR ELIT. READING

▌数字符号

1234567890   !@#$%^&*()

思源黑体字集

思源黑体是Adobe与Google联合推出的可免费使用的一款中文字体。思源黑体更几何化，更容易搭配。作为一个字体家族，能够协调一致，有利于版面的统一。

字体　　背景　　BGM

《天才在左疯子在右》　　《追风筝的人》　　《把栏杆拍遍》

随心所"阅"

■ 数字阅读时，信息沿着一个方向无限延伸，人们通常使用滑动屏幕来阅读网络信息。受传统习惯和互联网二者影响，电子书阅读可以分为两种模式：分页式和滚动式。

大多数电子书是分页式阅读，模拟纸质阅览的翻页。这种模式下的阅读可以停顿，内容被一块屏幕约束，为读者带来更多思考时间和翻阅趣味。它适合长文本、线性、需要深入阅读的内容。并可打造精细化的体验阅读，读者可根据页码来定位内容。

滚动式阅读，读者可以自由选择想看的部分。承载的信息可以无限延伸，方向可以上下、左右。读者能够快速将阅读内容一览无余，并通过进度条控制和定位。这种方式使有限的版面空间能放置更多的内容，并且可以创造出灵活的使用方式，开拓版式的空间。

滚动式阅读（进度条） │ 分页式阅读（页码）

属于你的电子书

Kindle App调整界面

以Kindle App为例，通过右上角的"ᴀA"按钮，可以直接调整阅读界面的排版样式，主要包括了字号、背景主题和字体，还可以调节屏幕亮度。背景主题有白色、黑色、米色和绿色四种样式。

■ 就阅读空间而言，纸质书给读者的直观感受是左右两边明确的区域和上下左右的八角空间。读者可以轻松控制目光停留的角度和图书的位置。而电子书文本呈现出来的内容是流动的，能够自动适应不同的屏幕尺寸，呈现出不同的效果。读者可以在立体阅读空间里，重新设置阅读页面，根据自身喜好选择性阅读。

为适应不同的需求和阅读人群，电子阅读器和移动阅读App可根据读者的需要，自行选择合适的阅读模式，提供不同的阅读感受，以适应不同的阅读场景和阅读偏好，创造属于自己独一无二的电子书。

阅读不再孤独

■ 数字阅读带来的交互式阅读体验，开启了人人皆读者、人人皆创作者的阅读盛宴。网络环境下，用户作为自媒体，既可以关注他人、接收资讯，同时也可以发布信息、拥有受众，即时点击、评论、转载（分享）、收藏获取的信息，并获得他人反馈。这种参与式的阅读一方面增进了人与人之间的交流互动，聚集有相同兴趣的用户，另一方面可以促进信息的流通传播。

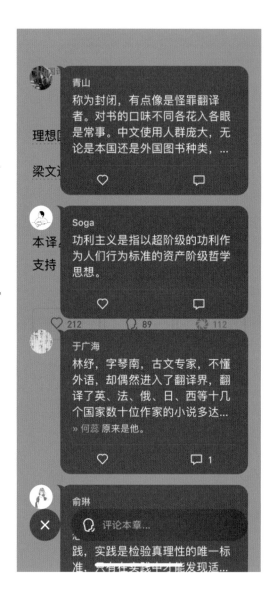

在线书评

基于微信朋友圈平台，腾讯推出社交型移动阅读App"微信读书"，理念是"让阅读不再孤单"。与其他读书软件往往将首页设置为商城或书架不同，微信读书把首页留给动态的"发现"页面，推送包括"好友在读"在内栏目。另外，读者还可将自己的读书感想随时发布到App上与其他读者交流，分享自己的所思所想。

全国首届图书馆杯主题海报创意设计大赛作品 《沟通》　作者：韦雨曦

阅无所限

■ 电子书除了添加声音、视频、动画等内容外，还可以增加网页Web内容和超链接。在电子书界面版面上使用Web内容叠加，可以让读者在视图区域内打开和浏览网页。这种方式可以让读者在视图区域内查看内容，而不必转至其他应用程序浏览，阅读行为更为流畅。

移动阅读App会根据读者目前在读的书籍，通过大数据分析，准确掌握读者的个性特征、爱好和阅读需求，为每位读者提供能满足阅读需求的个性化产品和服务。同时，为了给读者提供更加优质的阅读体验，移动阅读App还会根据全网用户的购买、学习、分享情况，整理出热门榜单，为读者提供高效、经济、可靠的个性化阅读服务，以满足读者无限细分的阅读需求。

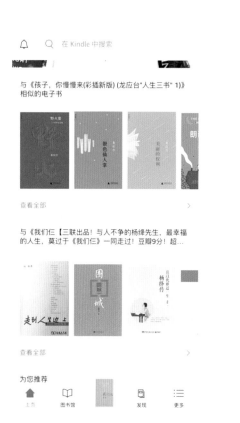

Kindle App "猜你喜欢"界面

得到App 热门榜单

■ 翻看古文书或外文书时，我们很容易会被书中的生词打断阅读；当刚接触一门新的语言，面对陌生的音标我们也无法顺利拼读。如今，随着信息技术的发展，我们可以随时查询各个词语的含义，使阅读更为便捷、平滑、连续，节约了大量必须用于翻检的时间，降低了检索的难度。

Kindle 字典

Kindle电子阅读器为用户提供了10多种字典，包括《现代汉语词典》《古汉语常用字字典》《现代英汉词典》等。除此之外，用户还可以根据自身的需求，导入第三方字典，拓宽阅读界限。

有道词典划词翻译功能

有道词典提供划词翻译功能，只需选择需要翻译的单词，就会自动弹出对应的中文翻译，极大地提高了阅读效率。

活灵活现

■ 互动式电子书是一种全新的电子出版物，它可以轻松地将视频，音频和互动性结合在一起，本质上是一个应用软件，用户能在阅读的过程中得到声音、景象、触碰等交互式体验，增强电子书的实用性。

《胤禛美人图》App

2013年5月，故宫博物院出品的首个iPad应用《胤禛美人图》正式发布。此应用以《雍亲王题书堂深居图屏》为素材，介绍美人妆容发饰、室内家具装潢、摆放器物陈设、图案隐含寓意等方面，中文注释采用传统的竖排形式，简要地介绍每一幅图屏的来历并附英文翻译，引领用户欣赏宫廷绘画雍容华贵的审美情趣、仕女画工整妍丽的艺术特色，亲历古色古香的生活场景。

■ 自20世纪30年代起广播电视出现，大众阅读方式便融入了"听"的元素。在未来的多媒体阅读中，声音和视频元素的运用也会越来越广泛，"阅"和"听"将越来越一体呈现。

有声读物的出现，使用"耳朵听"代替用"眼睛看"成为可能，这是对人类自古以来阅读习惯的颠覆，或者说回归——在最初图书数量极少、识字人群有限的古代社会，更多人获取文本知识的途径，就是有人读、有人讲，多人听。只不过，那时的"听书"是集体行为，如今的"听书"是分散动作。有声读物具有解放双眼、伴随性、趣味性等特点，尤其有助于满足视障人士和低幼儿童阅读的需求，也方便人们充分利用碎片时间随时随地阅读。

我国从20世纪90年代中期才开始发行真正意义上的有声书。听书市场经历了以磁带、CD、光盘为载体的实体出版、大型听书网站主导和移动终端听书App盛行三个阶段。目前市面上主要的听书类 App 有：懒人听书、喜马拉雅 FM、天行听书、氧气听书等。

懒人听书 | 喜马拉雅FM

沉浸式阅读

■　VR技术，是一种可以创建和体验虚拟世界的计算机仿真系统。用户可以沉浸在虚拟环境里，并与虚拟环境互动[20]。

VR阅读，就是把VR技术与传统的书籍结合，使图书内容通过特定的VR设备，为读者创造一个呈现书中内容的虚拟环境，让读者身临其境，使阅读更加生动有趣。

2016年，HTC Vive与康泰纳仕中国共同推出全球首个虚拟现实阅读体验——《悦游 *Conde Nast Traveler*》VR杂志。用户戴上VR设备，打开杂志，就能够置身于全新的互动内容之中，身临其境地阅读360°全景照片与视频。

VR阅读技术可以让平面的读物瞬间立体、生动起来，甚至让读者"走入"书中情景，与书中人、物实时互动。可以说，VR技术将带来一种颠覆性的感官革命，它与阅读的结合将会给人类的阅读生活开拓不一样的空间。

全国首届图书馆杯主题海报创意设计大赛作品《IMAGINATION》　作者：陈海权

20. 刘锦宏，宋明珍，张玲颖，罗凡冰：《VR沉浸式阅读效果及其影响因素研究》，《出版科学》2020年第3期。

■　数字图书馆是用数字技术处理和存储各种图文并茂的文献的图书馆，实质上是多媒体制作的分布式信息系统。它把各种不同载体、不同地理位置的信息资源用数字技术存贮，便于跨越区域、面向对象的网络查询和传播。数字图书馆就是虚拟的、没有围墙的图书馆。

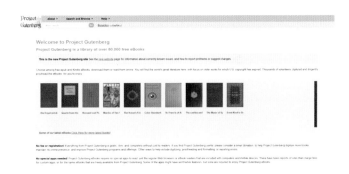

"古腾堡"工程

"古腾堡"工程是最早的数字图书馆，肇始于1971年，由志愿者参与，致力于文本著作的电子化、归档及发布。其中的大部分图书都是公有领域图书的原本。"古腾堡"工程确保这些原本自由流通、格式开放，有利于长期保存，并可在各种计算机上阅读。

国家数字图书馆

中国国家图书馆是国内最早研究数字图书馆的机构之一。截至2018年底，国家图书馆资源总量已经达到1960.91TB，发布了32个中文图书、博士论文、民国文献等自建资源库和13个地方馆征集资源库。

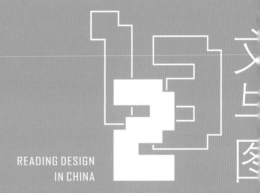

READING DESIGN
IN CHINA

文 与 图
TEXT & GRAPHIC
084/143

图文相和　　　　118

文以图始　　　　090

连环画　　　　118
图像线性叙事　119
文字脚本先行　120
文图相辅相成　121
"全景构图"与"孕育性的顷刻"　122

画成其物　　　　092
书同文　　　　093
蚕头燕尾　　　　094
字之楷模　　　　096
一字百形　　　　100
特殊的文字——盲文　105

漫画　　　　124
分镜引导的视觉聚焦　124
画格切换的情节流转　126
文字图式化叙事　128
起承转结　130
讽刺幽默　132
夸张变形　134
极简写意　135

图以释文　　　　106

展卷了然　　　　106
扉页插图　106
内页插图　107
整页插图　108
连页插图　110

绘本　　　　136
复合文本　136
图像片段化叙事　137
色彩暗示的视点聚焦　138
文字的童趣与诗意　139

抽象学科的图像解析　114

读"图"时代　　　　140

调线条，而是根据书写过程中的运笔顺序有粗细浓淡迟速顿挫等姿态不同，形成蚕头燕尾式的文字意象，书写的趣味造成了后世书艺的形成和高张。隶书舍小篆之象形，壮大了书写字体的基本逻辑。

发展到魏晋时期，横竖撇捺折等汉字的基本笔画体系确定，笔顺和结构基本固定，汉字进入楷书时代，楷体成为后世中国沿用至今的书写字体。至此，汉字演变接近固定下来。这是一个语言载体材料的限制和人们义理辞章表达的需要，文字从具象的图像向通用化和准确化的抽象表意符号演进，形成了通用易学、书写迅速的文字，并形成了具有阅读美感的书体艺术的过程。汉字在进一步符号化的同时，本身竟也成为图像意象：书法艺术成为中华文化的又一朵奇葩，规范的文字符号由于书写人对于笔画、结构、各字间的布局等图像元素的发挥，创造出图像意象，传达出独一无二的个性信息[1]。图与文在单一主体上达成了统一，这不得不说是一种奇迹。印刷术发明之前的帛书、抄本、碑拓等阅读材料也因其书法特点而更加生动。

有了文字，就必然有书写文字的载体和书写工具。我国最早的文字载体是甲骨，质地坚硬，"书写"工具是青铜刀——实际上，刀作为书写工具之一的时间并不短。到了秦汉时期，书写载体还是竹木简，须要用刀刮去偶然的不平整和错字。彼时书写载体和工具都使得在阅读材料中绘画的难度很大，至今出土的竹木简中仅发现有抽象化的符号图示而没有图像。汉代开始使用帛与纸作为书写材料，才为书中作画与文字共同发挥阅读作用提供了基本条件，"左图右史"的阅读理想，在汉代时是最有可能呈现的。由此渐次出现在书中的文与图的各种关系类型都沿用至今，体现了图文在书籍内容设计中并行关系的合理性。

1. 钟明：《中国书法史》，陕西人民美术出版社，2017年。

图与文的关系类型也随着书籍装帧形式、书籍内容形式与文字、艺术等领域的发展而渐次出现。现存最早的书籍插图，出现于隋唐时期的佛经卷轴（卷轴装也是我国最早的书籍装帧形式之一）的前端，通常画有罗汉、神佛等宗教经典中的形象和场景。虽然这种扉页式插图的图文关系设计，最早是卷轴装帧书籍的局限性使然，但将提纲挈领的图画让阅读者展卷首先看到，能起到奠定阅读基调，引导阅读者的思维更快融入书籍内容背景的作用。

由于地处地球最大的宜农地区，良好的自然环境加上勤劳多智的历代先民的努力，我国古代社会曾创造了长期领先世界的辉煌文明，造就了多个社会生活丰富的朝代和繁荣一时的城市，首个百万人口的城市出现在中国，百万人口城市最多的国家也是中国，中国古代文化的繁荣发展，各类新式内容的书籍成为社会发展的必然产物和必需品。伴随造纸技术进一步成熟、雕版印刷术和活字印刷术的发明以及科举取士制度的推进，印本书显示出规模生产的商业优势，逐渐与手写书并驾齐驱。

图像的可复制性增强，插图美化书籍、实用辅读的功能被重新挖掘和重视。以文字为主、图像为辅的书籍开始出现，接着从页内插图逐步发展出整页插图、跨页插图等设计，广泛应用于美术、技术、文学、戏本等类型的书籍中。尤其是两宋理学格物的提倡，各类表谱大量出现，元、明戏剧文学艺术的繁荣和明、清小说文学的兴盛，使图像与文学的结合在书籍设计实践中形成天作之合，图像在读者阅读故事情节时起到的促进作用被充分挖掘，也构成清末出现的早期画报

和连环画这一图像为主、文字为辅的图文关系的基础。图文书籍成为中国文献的重要类别，并广泛应用于各知识领域。

随着现代科学技术的进步，很多学科已发展出高度抽象概括的模型式理论体系，单纯凭借文字描述这些理论，或是用一套抽象符号体系解释另一套抽象符号体系，会使阅读难度大大增加，很多时候简直无从下手，非图像图示不能比拟。于是，数论、几何学、医学、生物学、博物学等科学技术书籍都引入图像和图示来表达高度抽象的信息，其功能是文字无法代替的。在创造符号、利用符号认识世界并用作改造世界的最重要力量诸方面，东西方并无二致。

随着历史进程的渐变和演进，文字从具象图像演变至抽象表意符号，图像辅助文本阅读到以图叙事为主的书籍出现，每一阶段文图信息传达形式的转向与演化，都引起了人们阅读心理、阅读行为、阅读习惯和阅读效果的巨大改变。

现代社会，随着生活节奏加快和知识爆炸，原本充裕的时间和注意力，成为最为稀缺的资源，图像作为阅读内容更符合现代人追求阅读效率的心理。连环画、漫画、绘本等以图像为主、文字为辅的书迅速风靡，是上述规律的当下印证。这些新形式的图文关系甚至催生出新的文化和亚文化，如具有我国特定时期时代特征的"小人书"文化和诞生于日本、风靡全球的"二次元"亚文化。

书籍和阅读早已成为人类社会发展和个人发展的基础要素，现代社会更是如此，我们不难理解阅读设计对阅读者，乃至整个社会文化可以产生如何深远的影响。文字与图像的诸多设计运用，是千百年来阅读实践经验的不断总结，蕴含着人类在阅读领域的智慧结晶。

文以图始

文 与 图
TEXT & GRAPHIC

090/091

画成其物
书同文
蚕头燕尾
字之楷模
一字百形
特殊的字形——盲文

● 文字是人类传递文化和记录事项的最重要载体。世界上最古老的文字主要有三种：两河流域苏美尔人创造的楔形文字，尼罗河流域古埃及人创造的圣书字，以及黄河流域中国人创造的方块汉字。

这些古老的文字最初都有很多象形的意味，但迅即分途。楔形文字和圣书字或者改头换面，或者埋没烟尘，启发孕育了庞大的拼音文字体系。

世界上唯有汉字将象形坚持到底，演化的脉络清晰可辨，几乎一以贯之使用至今，成为使用时间最长的文字体系，诞生了最为连续而丰富的记录文献。汉字缘起于上古时期的结绳记事、契刻记事、图符记事，甲骨文是我国发现的迄今为止最早的成熟文字。

楔形文字

已发现的楔形文字多写于泥板上。楔形文字由古苏美尔人创于公元前3400年左右，多为图像。公元前3000年左右，楔形文字系统成熟，字形抽象化。文字数目由青铜时代早期的约1000个，减至青铜时代后期约400个。字形也逐渐由多变的象形文字统一固定为音节符号。楔形文字一直被使用到公元元年前后，后失传，19世纪以来才被陆续译解，形成一门研究古史的学科——亚述学。

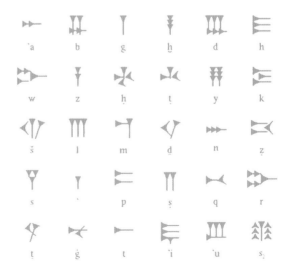

楔形文字破译图例（部分）

圣书字

圣书字是古代埃及成熟文字的又一称呼，是古埃及文明的重要象征。创始于公元前3000年的埃及第一王朝，在公元425年后开始衰亡，仅存于古埃及的遗址中。圣书字有三种字体：碑铭体、僧侣体和大众体，与楔形文字一样，古埃及文字并没有延续下来。

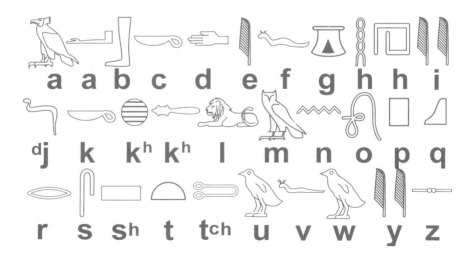

古埃及圣书字破译图例（部分）

画成其物

■ 东汉许慎《说文解字叙》云："象形者，画成其物，随体诘诎。"甲骨文是迄今为止所发现的最早的自成体系的汉字，商朝晚期，王室占卜记事，而在龟甲或兽骨上契刻，具有对称、稳定的格局。但图画文字的痕迹还是比较明显，象形意义也比较突出。

其主要特点：形体不固定，笔画有多有少，字体修长；行文程式不统一，从左到右、从右到左都有，以从右到左的居多；由于是刀刻，笔画细而硬，多方折。

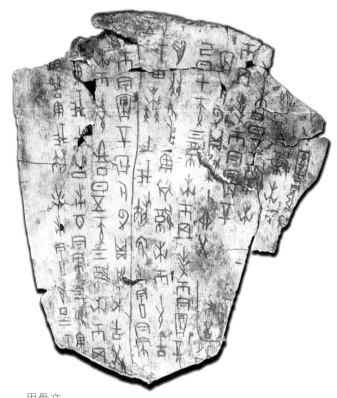

甲骨文

据学者胡厚宣统计，从1899年甲骨文被首次发现，共计出土有字甲骨154600多片，其中中国大陆收藏97600片，台湾省收藏30200片，香港收藏89片，中国总计共收藏127889片。此外，日、加、英、美、俄等国家共收藏了26700多片。目前发现的甲骨文单字约5000个，迄今已释读出的字有2000个左右。

十二生肖古今对照

《峄山刻石》

李斯《峄山刻石》，初刻于公元前219年。摹刻现存泰山岱庙东御座院碑亭内。秦始皇在二十八年（公元前219年），出巡山东齐鲁故地，登陶县峄山（今山东邹县东南）时，登高远望，激情满怀，对群臣言："朕既到此，不可不加留铭，遗传后世。"李斯当即成文篆字，派人刻于峄山之上。碑高218厘米、宽84厘米。由于年代久远，加之战乱，原石早已被破坏。

■　秦始皇统一中国（公元前221年）后，推行"书同文"，以秦国大篆为基础，取消其他六国文字，省简规范，创制了一个庞大复杂的语言文字符号系统——小篆。小篆，笔画横平竖直，圆劲均匀，粗细一致，具有平衡对称、上紧下松的特点。中国文字发展到小篆阶段，逐渐开始定型（轮廓、笔划、结构等），象形意味削弱，文字朝着符号化迈出了一大步。

■ 从小篆到隶书，是汉字经历的最重要转变——古今之变，隶书之前的汉字字体为古体，隶书以后是今体。篆书还保留了汉字的象形起源，写字如同画画；隶书构建新的笔形系统，解散笔画，字形由修长转向扁方，奠定了现代汉字字形结构的基础，完成汉字形体由具象向抽象的质变，使汉字基本符号化，文字的易读性和书写速度都大大提高。隶书上承篆书传统，下开魏晋南北朝楷书先声，讲究蚕头燕尾、一波三磔，对后世书法影响极大。

《曹全碑》

《曹全碑》，全称《汉郃阳令曹全碑》，刻于东汉中平二年（公元185年）。1956年移入陕西省西安碑林博物馆。字法遒秀逸致，堪称汉碑名品。明万历初在今陕西合阳县出土，碑高272厘米，宽95厘米，碑阳24行，每行45字，碑阴题名33行，分5横列。碑主曹全，字景完，敦煌效谷（故城在今甘肃敦煌县西）人。

《张迁碑》局部

《张迁碑》，全称《汉故谷城长荡阴令张君表颂》，现存于山东泰安岱庙。碑高292厘米，宽107厘米。碑阳隶书15行，满行42字，碑阴刻立碑官吏41人衔名及出资钱数，3列41行。东汉灵帝中平三年（公元186年）立，是谷城旧吏韦萌等为张迁立的表颂碑，碑文记载了张迁及其祖先的功绩，涉及黄巾起义军的有关情节，是传世汉碑中风格雄强的典型。

張釋之建忠弧

此謨帝好上林

問禽狩所育苑

字之楷模

■ 楷书由隶书逐渐演变而来，更趋简化，横平竖直。楷书确定了"横、竖、撇、点、捺、挑、折"的基本笔画，笔形规范，笔画数和笔顺也固定，便于书写。到了楷书阶段，汉字的字形字体就稳定下来，是汉字形体演变史上继隶书之后的又一重大变革，基本上走完了汉字的变革历程。

欧阳询（欧体）——《书随柱国左光禄大夫弘义明公皇甫府君之碑》局部

颜真卿（颜体）

《多宝塔碑》局部

大唐西京千福寺多寶佛
塔感應碑文
南陽岑勛撰
判尚書武部員外郎琅
邪顏真卿書
朝議郎
朝散大

欧阳询

欧阳询（公元557—641年），字信本，潭州临湘（今湖南长沙）人。官至太子率更令，故世称"欧阳率更"。欧阳询博览古今，诸体尽能，尤工正、行。初学王羲之、王献之，吸收汉隶和魏晋以来楷法，自成"欧体"。

颜真卿

颜真卿（公元709—785年），字清臣，京兆万年（今陕西西安）人。他初学褚遂良，后师从张旭，汲取初唐四家特点，兼收篆隶和北魏笔意，自成"颜体"，是继二王之后影响最大的书法家。他与柳公权并称"颜柳"，有"颜筋柳骨"之誉。

柳公权

柳公权（公元778—865年），唐朝最后一位大书法家，京兆华原（今陕西耀县）人。官至太子少师，故世称"柳少师"。他遍阅多家，融汇己意，自创"柳体"，为后世百代楷模。"书贵瘦硬方通神"，他的楷书，较之颜体，均匀瘦硬。传世作品很多，《金刚经》《玄秘塔碑》《神策军碑》为其楷书代表作。

赵孟頫

赵孟頫（公元1254—1322年），字子昂，号松雪，松雪道人，吴兴（今浙江湖州）人。《元史》本传载，"頫篆籀分隶真行草无不冠绝古今，遂以书名天下"。其书风道媚秀逸，结体严整，笔法圆熟，世称"赵体"。

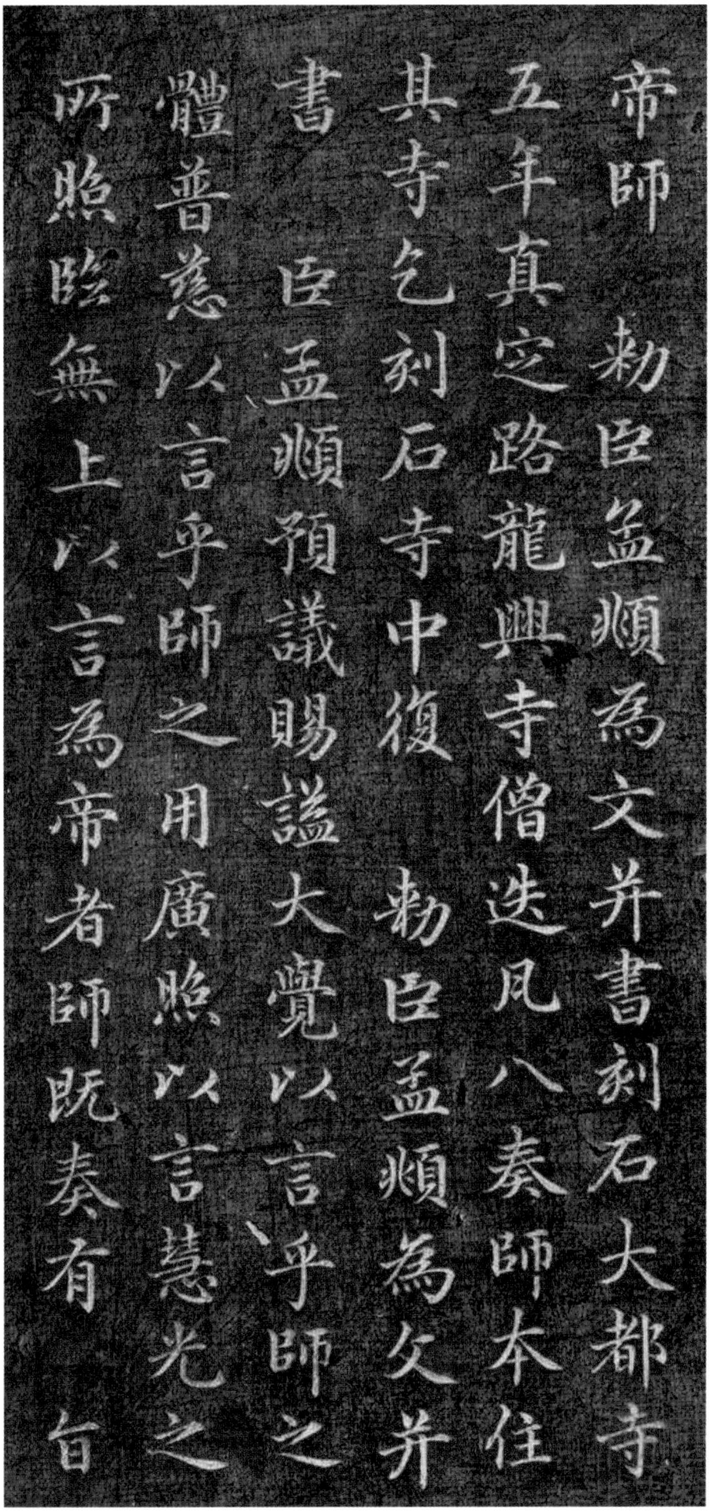

赵孟頫（赵体）——《胆巴碑》局部

帝師 勑臣孟頫為文并書刻石大都寺
五年真定路龍興寺僧迭凡八奏師本住
其寺乞刻石寺中復 勑臣孟頫為父并
書臣孟頫預議賜謚大覺以言乎師之
體普慈以言乎師之用廣照以言慧光之
所照臨無上以言為帝者師既奏有旨

一字百形

■　20世纪80年代末，随着电子计算机绘图功能的愈加
丰富，更多设计元素被加入汉字字体中，在不改变文字
笔画特征的基础上，进行图像化的变形和改造，使字体
形态有了更多的变化。汉字图像化将文字的含义具体化
和直观化，既重现了文字形体，又深化了文字的内涵，
使得汉字更有感染力，为图像和文字的互动提供更多的
发散空间。

每一种字体都有其特别的面貌，各种字体的文本在版式
设计的统合下形成一本书籍的个性基调，从而使读者在
阅读过程中能够通过对字体视觉信息直觉且无意识的心
理印象给书籍定位。

不同字形的混合搭配，能够产生对比效果，相对于调整
字级带来的大小对比来说，字体形状上的对比更能让人
把注意力集中在文字所表达的内容上。

《上海字记——百年汉
　字设计档案》

姜庆共，刘瑞樱著
上海人民美术出版社
2014年
以上海一百年间的印刷品实物
为视觉线索，为传统书法之后
汉字书写和设计的痕迹、脉络
构建了一份系统、客观、清晰
的基础档案。这些图例通过手
写、设计及石印、铅印、胶印
等近现代印刷工艺，再现了20
世纪上海的教育、经济、政治、
文化、艺术和日常生活的种种
记忆。

《中国字体设计人：一字一生》

廖洁连编著　华中科技大学出版社　2012年
该书从历史的角度解读了印刷字体从形制、体制到印制的演进过程，以及对中国文化、
经济、科技和人们生活产生的影响。

《西文字体：字体的背景知识和使用方法》

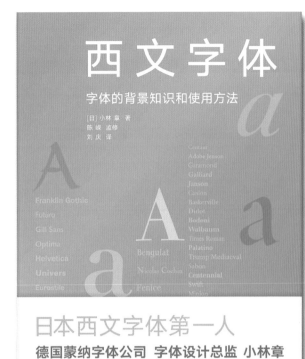

（日）小林章著，刘庆译　中信出版社　2014年

全书分为六章，从字母的形成、认识西文字体、西文字体的选择、玩味西文字体、西文字体制作、致立志要学习西文的朋友等几个方面，细致讲解了西文字体的发展背景、拉丁字母的构造等。

以"書"字为元素的海报设计

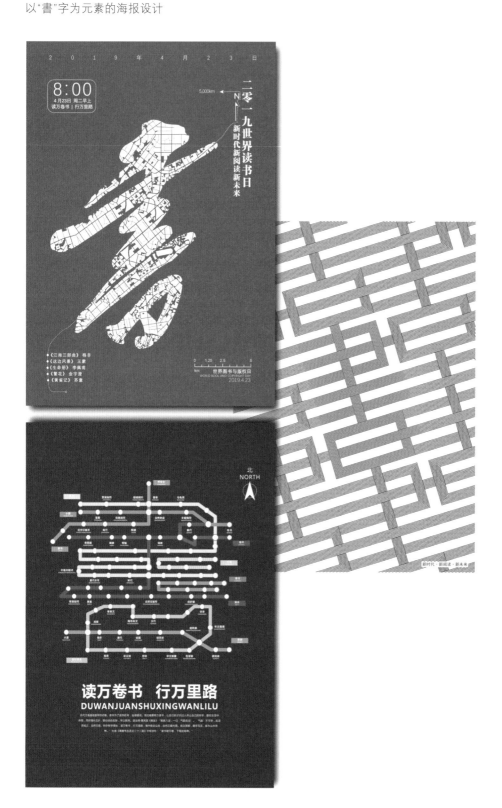

■ 盲文或称点字、凸字，是专为盲人设计、靠触觉感知的文字，其设计的基本思路是以凸点代替线条，每个盲文字符有1—6个凸点排列在一个有6个点位的长方形里，称为"一方"，再利用"方"组合成不同的字。汉字盲文的书写规则是按照汉字的拼音来书写，一个汉字由若干个"方"组成。

《触摸阳光草木》(盲文版)

张一清著　山东友谊出版社　2017年

《彩虹汉字丛书》（盲文版）第一辑《触摸阳光草木》分上、下两册。良好的触摸体验不仅关照到盲人的感官体验，也为协助盲人阅读的家庭成员或其他人士提供参照。

扉页插图

● 伴随雕版印刷术发明，图像的可复制性增强。图像能够直观呈现和记录事物原貌、指导事物进程或重构文字情景，从而辅助文本阅读，图像的阅读价值逐渐被挖掘和重视。

◆ 扉页插图最初是从卷轴装的卷首附图发展而来。卷轴装内文被连接在一张纸上，若插图于内文中，则将断开内容，削弱阅读的流畅性，故而插图往往置于卷端。随着雕版印刷技术的日臻发达，插图可以根据需要安排在文中相应位置，图书装帧逐步定型为册页制，而扉页插图就渐渐发展成现代图书的封面插图或抽象设计。扉页插图具有点明主题和美化装饰的作用，通常会选取最具代表性的场景为插图，以简明的方式传达出与全书内容的关系，让读者一眼就明了该书的主题。

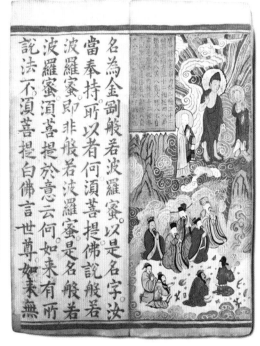

明版《金刚般若波罗蜜经》扉页插图

明代万历年间彩绘佛经画册，

纸本水墨，彩绘画册，

页幅尺寸：31.8厘米x14厘米(90页)，现藏于美国大都会艺术博物馆。

内页插图

◆　图文共存于一页，面积通常仅占据该页的三分之一甚至更少，主要作用是插入文中配合阅读。插图并没有包含一个完整的故事或情节，而只展现故事的高潮或某一片段，读图时必须结合文字，才能够知晓整个故事。

随着现代图书排版方式的灵活和多元化，嵌入式插图成为更常见的方式，在不影响阅读流畅度的前提下，图片可以根据文字和版式需要自由编排，插图的视觉装饰趣味更强。

《木偶奇遇记》

(意) 科洛迪原著，邓敏华编译　黑龙江美术出版社　2016年

该书是意大利作家卡洛·科洛迪的代表作，被公认为世界儿童文学名著中的经典。

《三才图会》

《三才图会》是由明人王圻及其子王思义撰写的百科式图录类书。1607年完成编辑，1609年出版。全书106卷，分天文、地理、人物、时令、宫室、器用、身体、衣服、人事、仪制、珍宝、文史、鸟兽、草木14门。每一事物，写其图像，加以说明。它是首部把绘画作为重要内容而非辅助的典籍，被视作图书史上革命性的作品，可谓现代图鉴的远祖。

整页插图

◆　从局部式到整版式插图是书籍插图史上的第一次飞跃。插图页没有文字内容，所有的空间都留给了插图。插图形式改变的意义绝不仅是画面简单的扩展，而是画中人物与环境背景关系的变化，插图画幅面积增大更易于展现书中的人与故事情节，插图从起初纯粹的文字附庸，开始逐渐向独立的艺术形态靠拢。

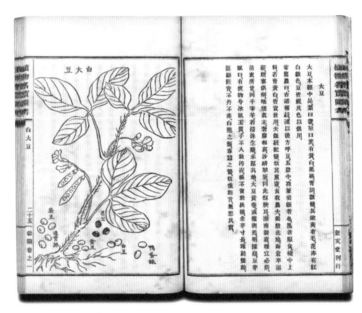

《植物名实图考》

植物学著作，38卷。清代吴其濬（瀹斋）撰于19世纪中期，收载植物830多种，从经、史、子、集、方志等中辑录出有关草、木的内容，分编为11类。

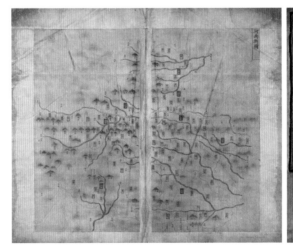

《坤舆图说》

《坤舆图说》是17世纪比利时人南怀仁用汉语编写的地理书，分上、下两卷。上卷包括：地体之圆、地球南北两极、地震、山岳、海水之动、海之潮汐、江河、天下名河、气行、风、云雨、四元行之序、人物；下卷包括：亚细亚洲及各国各岛分论14则、亚墨利加洲及各国各岛分论14则、墨瓦蜡尼加洲，以及四海总说、海状、海族、海产、海舶等。下卷末附异物图，有动物（鸟、兽、鱼、虫等）23种，以及七奇图，即世界古代七大奇迹等，共32幅图。

《宣和博古图》

《宣和博古图》是宋代古器物图录中规模较大的一部，分鼎、尊、罍、彝、舟、卣、瓶、壶、爵、觯、敦、簠、簋、鬲、鍑及盘、匜、钟磬、錞于、杂器、镜鉴，凡20类，在青铜图像著录上具有开创之功，奠定了中国古代青铜器研究的基础。

连页插图

◆　这种整版插图设计由出现在两页纸上的单页一图式插图组合而成，这是图书插图史的第二次飞跃。跟单页一图式相比，合页连式"场面宏大，构图完整，情节丰富"[2]，插图空间最大化，可以容纳文字表述难以详明的诸多形象细节，让读者不至于混淆识读对象。

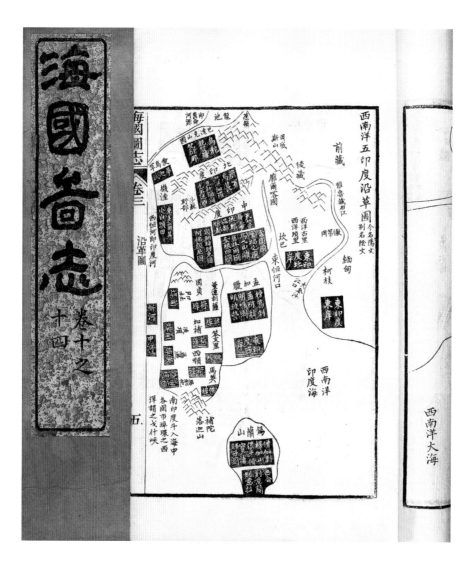

《海国图志》

（清）魏源著。魏源是中国近代新思想的倡导者。全书详细叙述了世界各地和各国的历史政治和风土人情，主张学习西方国家的科学技术，提出"师夷长技以制夷"的核心思想，对中国近代的洋务运动和日本的明治维新影响极大，是一部具有划时代意义的巨著。该书提供了80幅其时全新的世界各国地图，又以66卷的巨大篇幅，详叙各国史地。

2.雷盼：《明刊小说插图本"图—文"互文研究》，四川师范大学硕士学位论文，2017年。
　　据中国优秀硕士学位论文全文数据库
　　https://kns.cnki.net/KCMS/detail/detail.aspx?dbname=CMFD201801&filename=1017155788.nh。

《天工开物》

（明）宋应星撰，初刊于明崇祯十年丁丑（公元1637年），共3卷18篇。全书覆盖了其时农业、手工业诸多领域，直观表现了如机械、砖瓦、陶瓷、硫磺、烛、纸、兵器、火药、纺织、染色、制盐、采煤、榨油等的生产技术和流程。它是世界上第一部关于农业和手工业生产的综合性著作。

《十竹斋书画谱》

绘、刻大约始于明万历四十七年（公元1619年），完成于天启七年（公元1627年）。融诗、书、画、印为一体，内分书画谱、墨华谱、果谱、翎毛谱、兰谱、竹谱、梅谱、石谱8种，每谱2册，计16册，每册40篇，一图一文，相互映衬。这部名家书画谱，也是我国最早的水墨画教材。

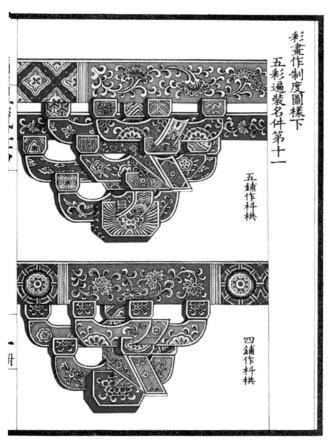

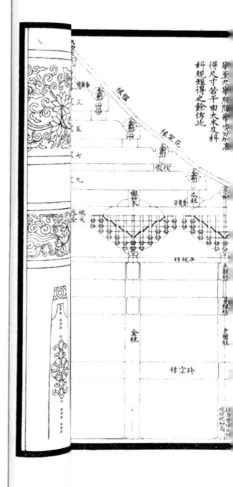

《营造法式》

北宋李诫编。李诫结合个人修建工程的经验，参阅文献和旧有规章，收集各工种操作规程、技术要领及各建筑物构件形制、加工方法而编成，崇宁二年（公元1103年）刊行全国。全书36卷，357篇，3555条。《营造法式》是当时的公共建筑法规。有了它，群体建筑的布局设计，单体建筑及构件的比例尺寸，各工种的用工计划、工程总造价，各工种之间先后顺序、相互关系、质量标准都有法可依、有章可循，便于建筑设计和施工，也便于随时质检和验收。

《点石斋画报》

1884年创刊，是近代中国最早、影响最大的一份新闻画报，共44部，528册。它的出现，代表着中国近代画报登上历史舞台，是图像新闻传播史上的重要一笔。《点石斋画报》以图像叙事的新闻表达方式也是新闻史上具有重要意义的一次变革，对晚清图像新闻传播产生了重要的影响。

抽象学科的图像解析

■ 17世纪科学革命以来，知识分工导致学科高度分化。由于科学理论高度抽象，探索的宏观领域和微观世界远超出感官所能把握的范围，实验工具、观察手段所揭示的，是一个迥异日常感官所能感受的神奇世界，不借助图示模拟，教学双方都无法顺利抵达学术的深处和高处，遑论为全社会普及科学素养了。传统史地、文物、艺术不论，现代物理学、光学、数学、心理学、美学、建筑学、统计学等诸多学科，也每每借助图案来解读抽象复杂的理论，图像可谓渡海之船、登山之梯，舍此无从。科学类图书插图与文字的关系，如同平衡天平的两端——东西方都是如此。

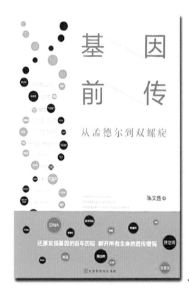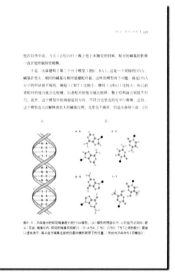

《基因前传：从孟德尔到双螺旋》

陈文盛著　北京时代华文书局　2019年

一部人类遗传学研究的科学思想史。从1859年达尔文发表《物种起源》谈起，一直介绍到1967年DNA遗传密码怎样决定蛋白质氨基酸的排序为止。其中重点介绍了孟德尔豌豆杂交实验揭示的遗传原理，荷兰和德国的三位欧洲植物学家果蝇突变实验发现连锁遗传、基因是蛋白质还是DNA的争论，双螺旋结构的诞生、DNA如何编写遗传密码、遗传信息在细胞内的转接等标志事件。

《牛顿光学》

（英）牛顿著；周岳明等译　北京大学出版社　2011年

牛顿对光学的最大贡献是精确了光的色散实验，指出日光由不同颜色的光混合而成，这对于近代光学的建立至关重要。1704年，牛顿出版了系统阐述其光学研究成果的著作《牛顿光学》。

《道路交通标志标线全知道》

裴保纯，郭秋娟主编　电子工业出版社　2019年

结合交通标志标线的介绍，系统梳理了道路交通标志标线，有的放矢地讲解了有关安全驾驶的注意事项，针对性强。图文并茂，可读性强。

抽象学科的图像解析

《〈海错图〉笔记》

张辰亮著　　中信出版社　　2016年

《海错图》是清朝康熙年间，由画家聂璜绘制的一组图谱。聂璜用生动的图片和文字记录了他在中国沿海亲眼所见、亲耳所闻的各种生物。时代所限，书中记述时有夸张，有很多不准确之处，例如关于生物习性的记载，虽真假混杂，但妙趣横生。《海错图》共4册，现三卷藏于北京故宫，一卷藏于台北"故宫博物院"。《〈海错图〉笔记》对书中的生物进行考证、分析和科普，荣获首届"中国自然好书奖"年度传播奖，入选第六届"少年中国"少儿优秀科普作品。

《人体构造论》

（比利时）安德雷亚斯·维萨里著，出版于1543年。

安德雷亚斯·维萨里是比利时著名解剖学家、医学家。他发现并纠正了很多从古代流传下来的理论谬误。《人体构造论》一经发表，就在欧洲掀起了一场新的解剖学风潮，解剖学家不再迷信权威，而是开始信任自己的观察结果。

图文相和

文　与　图
TEXT & GRAPHIC

118/119

连环画
漫　画
绘　本
读图时代

● 宋代中后期到元代早期，得益于印刷术的技术提升，图像和文字的关系发生了重大变化，从语图互仿转为文图相融。其中最明显的代表是小说、戏曲的插画和连环画。插画和连环画将文字和图像放置于同一个文本上，文图交错，相互映衬，文画合体，共时呈现，在图像和语义上实现"语图互文"，相互补充。

■ 连环画是中国一种古老的传统艺术，用多幅画面连续叙述一个故事或事件的发展过程。连环画的脚本创作是对文本的再创作，而图像是对脚本的再创作，所以文字是连环画创作的首要因素，图画是第二位的，其特点是图文结合以刻画完整的故事。

图像线性叙事

◆ 线性叙事是连环画的基本叙事方式。连环画需要遵循一定的时间进程。图幅之间的衔接能反映事物发展的过程：开端、铺垫、高潮与结尾，强调因果逻辑和情节秩序。图像必须依靠文字对图像的线性串联，推动情节的发展，保证叙事的完整性[3]。

《西厢记》

（元）王实甫原著；洪曾玲改编；王叔晖绘画

人民美术出版社 2000年

连环画《西厢记》最早出版于1954年，1963年获第一届全国连环画创作一等奖。

王叔晖，现代著名连环画及工笔重彩人物女画家，

代表作品有《西厢记》《林黛玉》《夜宴桃李园》《杨门女将》等。

3. 费文明：《20世纪中国连环画叙事研究》，《苏州工艺美术职业技术学院学报》2012年第3期。

连环画

图像线性叙事　**文字脚本先行**　文图相辅相成　"全景构图"与"孕育性的顷刻"

文字脚本先行

◆　文字在连环画创作与阅读过程中居首要地位。文本"客观叙述"，站在上帝视角叙述一个故事，与阅读主体保持一定的距离。连环画多改编自文学作品，文字脚本更像是原作的浓缩版，于是文本呈现出"凝练概括"与"客观叙述"的特点，往往是一段段兼具人物、场景的"直陈式"叙事文本[4]。

(20)第二天，张飞准备了青牛白马，做为祭品，三个人一起来到桃园，焚香礼拜，还宣了誓。

(88)韩忠果然领兵弃城逃走。朱隽与刘、关、张率大军掩杀，射死了韩忠。

(125)看门人拦阻他，举鞭要打，张飞夺过鞭子，"摸"的一举，打得看门人跌出去有几步远。

(134)刘、关、张三人依旧带了二十几名亲随，离开安喜县。老百姓感念刘备的好，都恋恋不舍，扶老携幼的相送出城。

《桃园结义》

(明)罗贯中原著；良士改编；徐正平，徐宏达绘画　　上海人民美术出版社　2004年

《桃园结义》最早创作出版于1957年。

徐正平，著名连环画画家。擅中国画人物、山水、连环画。作品有《战长沙》《凤仪亭》《桃园结义》《安史之乱》《虎牢关》等近百种。

徐宏达，著名连环画画家。一生共创作连环画近百部，20世纪50年代至60年代创作《万民伞》《贼老爷》《刘胡兰》《赤壁大战》《桃园结义》《望娘滩》《十三妹》等一批在读者中较有影响的连环画。

4.沈其旺：《中国连环画叙事研究》，上海大学博士学位论文，2011年。
　　据中国优秀硕士学位论文全文数据库 https://kns.cnki.net/KCMS/detail/detail.aspx?dbname=CDFD0911&filename=1011163620.nh。

文图相辅相成

◆ 连环画中的图像和文字
具有相互补充、相互制约的
特性。所谓相互补充，是指
脚本弥补了图像在连贯性、
心理表达上的不足；图像弥
补了脚本在具象表现上的不
直观。所谓相互制约，是指
图像和文字相互交融，脚本
创作文字精练，留给图像创
作更多可能性；图像创作，
要以脚本为依据，在有限的
空间内发挥创意。二者相辅
相成，相互渗透，其比重与
功能可以比量齐观。

《逼上梁山画册》

戴敦邦 画 尚美智 文
河北人民出版社 1979年
彩绘《水浒传》故事，1980年获第二届
全国连环画创作二等奖。
戴敦邦，中国著名国画家。主要作品有
《水浒人物一百零八图》《戴敦邦水浒
人物谱》《红楼梦人物百图》《戴敦邦
新绘红楼梦》《戴敦邦古典文学名著画
集》等。连环画代表作品有《一支驳壳
枪》《水上交通站》《大泽烈火》《蔡文
姬》等。

"全景构图"与"孕育性的顷刻" [5]

◆　连环画通常呈一页一图一文的特点。图像往往选择最具表现力的场景，即最孕育"爆发"性的顷刻，并非故事的高潮，而是到达高潮前的瞬间，不仅延展了时间进程，扩大了读者的心理空间，也加强了图像间的连续性与叙事表现力。构图上往往选择"全景构图"，尽可能在每幅图像上延展语境，充实信息容量，让图像更具独立性，使每幅图像保有完整的审美情致，能让人细细品味。

《孙悟空三打白骨精》

（明）吴承恩原著；

王星北改编；赵宏本，钱笑呆绘画

上海人民美术出版社　2014年

连环画《孙悟空三打白骨精》创作完成于1962年，1963年获第一届全国连环画创作一等奖。

赵宏本（公元1915—2000年），主要作品有《孙悟空三打白骨精》（与钱笑呆合作）《水浒一百零八将》《小五义》《七侠五义》等。

钱笑呆（公元1911—1965年），曾被连环画读者和出版者誉为上海"四大名旦"之一。代表作有《孙悟空三打白骨精》（与赵宏本合作）《红楼梦》《清宫秘史》《珍珠姑娘》等。

（一〇七）悟空舞动金箍棒，八戒、沙僧各逞神威，不多一会，白骨精和她手下的大小长怪就就被歼灭了。

分镜引导的视觉聚焦

■ 漫画被称为第九艺术，是用简单而夸张的手法来描绘生活或时事的图像，一般分为讽刺幽默的传统漫画、叙事的多幅或连环漫画。图像在漫画的创作与阅读过程中居于首位，实现了以图像为主导的叙事方式，通常由一系列数量不定的图像组合成每页画幅。

◆ 漫画借鉴电影中的蒙太奇表现手法，为静态画面创造类似电影特写、长镜头、慢动作等局部特效，图画、时间和语言作为不同的层次置于画格表述叙述内容，形成跃然的动感与视觉压迫感，在阅读主体的心理空间实现动态的图像流，增强了图像叙事的连续性与表现力[6]。分镜关系引导读者掌握画格之间的阅读节奏，捕捉图画情节中的情绪，从而在表达剧情时把控节奏。

《银翼夜枭》

（法）雅安·勒贝纳捷著；
罗曼·于高特绘；徐敏译
北京联合出版公司，后浪出版公司
2016年
雅安·勒贝纳捷，法语漫画最著名的编剧之一。20世纪80年代因参与创作在漫画杂志《史壁虎》上连载的几部漫画而走红。他擅长创作从幽默到冒险等跨度很大不同风格的脚本，参与创作《幸运卢克》《史壁虎》等多个家喻户晓的漫画系列和单行本作品。

6.唐艺韬：《从连环画与日本漫画以图叙事技巧差异分析中国连环画式微现象》，上海师范大学硕士学位论文，2017年。
据中国优秀硕士学位论文全文数据库：https://kns.cnki.net/KCMS/detail/detail.aspx?dbname=CMFD201801&filename=1017163467.nh。

《长歌行》

夏达编绘 新世纪出版社 2016年

夏达，漫画家。主要作品有：《哥斯拉不说话》《子不语》《初夏》《冬日童话》《神魔劫》《游园惊梦》《四月物语》《米特兰的晨星》等。《子不语》获第五届金龙奖原创漫画动画艺术大赛最佳故事漫画少女组金奖；《哥斯拉不说话》获第六届动漫节「美猴奖」最佳中国漫画作品奖；《长歌行》获第12届中国动漫金龙奖中国漫画大奖。

画格切换的情节流转

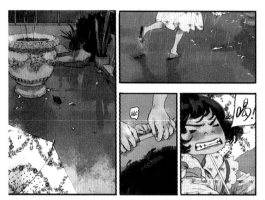

◆　漫画每页的图像篇幅不定，一系列细碎图像，通过画格变成"时间切面"的特定空间，将图像"并置"纳入时间流中，通过图像与图像之间的转换实现叙事的效果，并带来强烈的视觉冲击。画格的作用不仅运用于时间顺序的发展，还对重点叙述元素有视觉引导作用[7]。

《一夕一夏》

杨笑汝编绘

新世纪出版社　2012年

杨笑汝，漫画家。其他作品包括：《花瓣集》《森与四季之诗》《一万种恋爱》《雷拉雷拉》《连翘之坡》等。《一夕一夏》获第6届金龙奖最佳少女漫画大奖。

7.欧阳琳子：《叙事漫画中"分格"与"时间"的关系研究》，广州大学硕士学位论文，2019年。

据中国优秀硕士学位论文全文数据库：https://kns.cnki.net/KCMS/detail/detail.aspx?dbname=CMFD202001&filename=1019615371.nh。

《莳梦》

王贺绘　湖南美术出版社　2018年

梦游兔，原名王贺，漫画家。代表作品有：《爱丽丝梦游新境》《时光屋》《幻·旅》《集古斋》等。

2010年《爱丽丝梦游新境》获第七届金龙奖最佳插画提名奖和最具人气动漫作品，北京电影学院第十届漫画节获奖作品；2012年4月《时光屋》获第八届中国国际动漫节「金猴奖」最佳新人奖等。

2012年9月《幻·旅》获第九届金龙奖最佳插画提名奖，"2012年《时光屋》获第八届中国国际动漫节「金猴奖」最佳新人奖等。"

文字图式化叙事

◆　漫画文字包括文字旁白的叙述、角色之间的对白、辅助速度线、对话气泡、拟声词等，通常以短促的对话形式穿插在图像中，文字的独立性减弱。文字在视觉叙事的过程中，从时间维度上起解释和说明作用，指导阅读顺序。而对话泡、速度线、拟声词等体现情绪张力的文字符号，成为画面构图中的重要视觉元素，丰富了叙事方式[8]。

《灌篮高手》

（日）井上雄彦著；邹宁，钟亚魁译　长春出版社　2012年

井上雄彦，日本漫画家，代表作品有：《REAL》《浪客行》《零秒出手》《变色龙》《命运强手》等。1995年，《灌篮高手》获日本第40届小学馆漫画奖。

8.白天佑：《故事漫画中的图像叙事研究——以2004年—2019年金龙奖获奖故事漫画作品为例》，华中科技大学硕士学位论文，2020年。
据中国优秀硕士学位论文全文数据库：https://kns.cnki.net/KCMS/detail/detail.aspx?dbname=CMFD202202&filename=1020350419.nh。

《航海王》

（日）尾田荣一郎著；董科，王若星译　浙江人民美术出版社　2007年
尾田荣一郎，日本漫画家。1997年在《周刊少年JUMP》上连载长篇漫画《航海王》，2005年获德国雄达人读者
选择奖颁发的国际漫画部门最佳漫画奖，2012年获得第41回日本漫画家协会赏，2015年6月15日被吉尼斯世界纪
录认证为"由单一作者创作的发行数量最多的漫画"。

起承转结

◆　四格漫画是使用四个格数来构成一段故事或一个创意点子的一种漫画形式，后续发展变成多格。每个格分别代表着"起、承、转、结"四个要素，重点在创意，画面不须很复杂，角色也不要太多，对白精简，让人容易轻松阅读[9]。

《父与子》

（德）卜劳恩著；李彩萍编译

湖南文艺出版社　　2013年

卜劳恩是德国享誉世界的著名漫画家。《父与子》发表后获得了极大的成功，是世界上流传最广的亲情漫画之一，被誉为德国幽默的象征。2020年4月，该作品被列入教育部基础教育课程教材发展中心发布的《中小学生阅读指导目录》。

9.吴心亦：《无字漫画的叙事性研究——以西班牙漫画家乔安科内利亚为例》，中国美术学院硕士学位论文，2021年。
据中国优秀硕士学位论文全文数据库：https://kns.cnki.net/KCMS/detail/detail.aspx?dbname=CMFD202301&filename=1021888690.nh。

《绝对小孩》

朱德庸著　现代出版社　2013年
朱德庸，漫画家。其代表作有《双响炮》《涩女郎》《醋溜CITY》《再
见双响炮》《亲爱涩女郎》《摇摆涩女郎》《甜心涩女郎》《关于上班
这件事》《什么事都在发生》《大家都有病》等。

讽刺幽默

◆　漫画是独树一帜的图像叙事。单幅漫画往往通过诙谐幽默和荒诞不经的手段，表达事物的精神实质，是悖谬和逆向思维的艺术。

《华君武集》

华君武著　河北教育出版社　2003年

华君武（公元1915—2010年），漫画家。主要作品有《华君武漫画选》《漫画猪八戒》《补丁集》《我怎样想和怎样画漫画》《漫画漫话》《漫画一生》等。

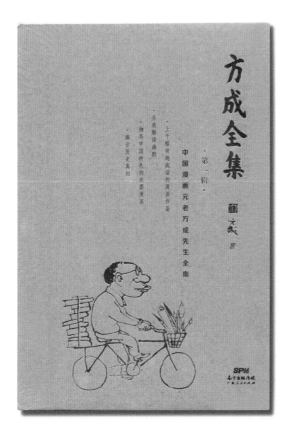

《方成全集》

方成著

广东人民出版社

2016年

方成（公元1918—2018年），原名孙顺潮，漫画家、杂文家。出版有《方成漫画选》《幽默·讽刺·漫画》《滑稽与幽默》《方成连环漫画集》《笑的艺术》《报刊漫画》《漫画艺术欣赏》《方成谈漫画艺术》等作品。

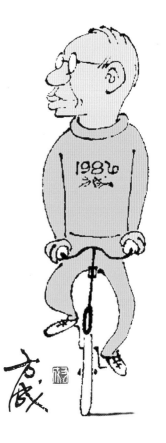

夸张变形

◆　以极度夸张和变形的手法来表现人物，特征更加突出，性格更加明朗。因它以丑的形态开始，以获得美的愉悦结束，因此也有人称其为审丑艺术。

容庚(公元1894—1983年)，原名容肇庚，字希白，号颂斋，广东东莞人。出身于清末书宦之家，幼年时即熟读《说文解字》和吴大澂的《说文古籀补》。1922年，经罗振玉介绍入北京大学研究所国学门读研究生，毕业后历任燕京大学教授、《燕京学报》主编兼北平古物陈列所鉴定委员、岭南大学中文系教授兼系主任、《岭南学报》主编、中山大学中文系教授等。容庚是我国著名古文字学家、收藏家，藏书以金石、丛帖最具特色、最为丰富。他毕生献身于教育和学术，为国家培养好几代文字学、历史学和考古学专门人才，留下了极其宝贵的精神财富。

伦明（公元1878—1944年），字哲如，广东东莞人，近代中国著名藏书家、版本目录学家、大学教授，中华传统文化传承的突出代表。1907年从京师大学堂毕业后，先后任两广方言学堂教务长兼经济科教授、国立北京大学、辅仁大学、北平民国学院等校教授。著有《辛亥以来藏书纪事诗》《续修四库全书总目提要》等，一生沉浮书海，为续修《四库全书》奔走呼喊，为文献典籍的抢救与保存、为中华文化的传承和完善矢志不渝。

极简写意

◆ 以字画结合的形式，以极简的画面，向人们传递文学和哲学理念。

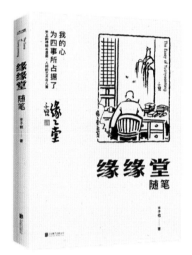

《缘缘堂随笔》

丰子恺著　　北京联合出版公司　　2020年

丰子恺，中国现代著名书画家、文学家、散文家、翻译家、美术音乐教育理论家，也是
中国现代装帧史上重要的设计家，被誉为"现代中国最艺术的艺术家""中国现代漫画鼻祖"。
主要作品有《缘缘堂随笔》《缘缘堂再笔》《随笔二十篇》《画中有诗》等。

《生得再平凡，也是限量版》

林帝浣绘著　　长江文艺出版社　　2019年

林帝浣（小林），摄影师，漫画家。著有《等一朵花开》《平和的你，才最美丽》《生得
再平凡，也是限量版》《时光映画》《我想给你拍张照》等。

复合文本

■ 绘本是用图像与文字，共同叙述一个故事，表达特定情感、主题的读本。它以图像作为故事叙述的主要手段，图幅承接暗含逻辑关系，文字辅助引导图画的解读，图文结合共同叙述完整的故事。

◆ 著名绘本创作大师松居直指出：绘本中图画不仅是说明文字，而是把文字表现的故事世界变成生动、形象并富有想象力的图画，用公式解答为"文×图"而不仅仅是"文+图"[10]。绘本图像与文字都能承担独立的叙事功能，通过各自的叙事符号和叙事特点向读者传达不同的故事信息；但在图文交织后产生的"复合文本"则成为第三个故事，传递出更加复杂的情节关系，使读者的解读更加多元。

《母鸡萝丝去散步》

（英）佩特·哈群斯文/图　明天出版社　2018年

文字部分仅简单表述母鸡萝丝散步，身后跟着一只伺机猎捕的狐狸。狐狸的鬼鬼祟祟和母鸡的气定神闲形成了强烈对比的喜剧效果。

10.刘天赐：《松居直图画书理论及其对中国图画书的影响》，湖南师范大学硕士学位论文，2020年。

据中国优秀硕士学位论文全文数据库：https://kns.cnki.net/KCMS/detail/detail.aspx?dbname=CMFD202101&filename=1020322232.nh。

图像片段化叙事

◆　绘本的图像独立叙事特点，能缩短阅读时间，更符合现代人的感性思维与快节奏的生活。绘本的图像采用片段化、跳跃式叙事方式，配合的文字也以片段化的短句实现叙事信息的积累[11]。以几米的经典作品《向左走·向右走》为例，男女主角在不同场景中左右穿梭，延展了图像的叙事语境。"10月28日，天气晴……11月7日，天气阴湿，有一种冬天来时，淡淡忧郁情绪。"简短的文字极大地扩充了故事的想象空间，提升了叙事张力。

《向左走·向右走》

几米绘　生活·读书·新知三联书店　2002年

几米，本名廖福彬，漫画家。《向左走·向右走》获选1999年金石堂十大最具影响力的图书，开创出成人绘本的新型式，开启了一股绘本创作风潮。代表作品有：《森林里的秘密》《月亮忘记了》《听几米唱歌》《微笑的鱼》《1.2.3木头人》《又寂寞又美好》《我只能为你画一张小卡片》《地下铁》等。

11.张人方:《基于图文关系的连环画文化转型研究》，湖南师范大学硕士学位论文，2017年。
据中国优秀硕士学位论文全文数据库：https://kns.cnki.net/KCMS/detail/detail.aspx?dbname=CMFD202001&filename=1017132379.nh。

色彩暗示的视点聚焦

◆　绘本对色彩的运用一般以故事题材与内容情境为基调，定位图像的色彩使用，实现视点聚焦，潜移默化地带动甚至形塑了读者的阅读节奏，调动了读者的情感体验，营造出唤醒内心世界生命感触的情感氛围。

《菲菲生气了——非常、非常生气》

（美）莫莉·卡文／图；李坤珊译

河北教育出版社　2009年

莫莉·卡，美国漫画家。《菲菲生气了——非常、非常生气》荣获2000年美国凯迪克银奖，同时获得夏洛特·佐罗托夫金奖。其他代表作有：《我的兔子朋友》《野马之歌》《约翰·亨利》《海底的秘密》《下雪了》等。

《打瞌睡的房子》

（美）奥黛莉·伍德著；（美）唐·伍德绘；柯倩华译
明天出版社　2009年

奥黛莉·伍德，美国童书作家。与唐·伍德是一对著名夫妻档。他们合作的儿童图画书，深受欢迎。

唐·伍德，美国漫画家。其他代表作：《逃家小兔》《我的情绪小怪兽》《孤独的巨人》《这不是我的帽子》《会飞的抱抱》等。

文字的童趣与诗意

◆　绘本最初是面向儿童的"桥梁书"，在题材内容、图像表现与文本形式、色彩构图与思维建构方面皆以儿童为主要对象，其语言风格全面考量儿童的审美趣味和接受能力[12]。以童趣的视角与诗意的文字解读寓言般的成人故事，由浅入深，也符合快节奏生活下的审美价值。

《我喜欢书》

（英）安东尼·布朗文 / 图；余治莹译；

河北教育出版社　　2008年

安东尼·布朗，作家，漫画家。代表作包括《穿越魔镜》《大猩猩》《小熊总有好办法》系列，《胆小鬼威利》《我爸爸》《我妈妈》《朱家故事》《形状游戏》等。

《童年的星星还在吗》

慕容引刀著　　中国华侨出版社　　2015年

慕容引刀创作的刀刀狗形象系列，入围了2010年的动漫风云榜。其他作品包括：《我就是刀刀》《让爱点亮：朋友刀刀第一季》《被爱路过》《让爱点亮》《亲爱的沙皮》《微笑的咖啡杯》《幸福在哪里》《小的时候》《爱你不是两三天》《谈东谈西谈恋爱》等。

12.左娅芳：《儿童绘本的叙事艺术研究——以图画叙事研究为主》，浙江大学硕士学位论文，2019年。
据中国优秀硕士学位论文全文数据库：https://kns.cnki.net/KCMS/detail/detail.aspx?dbname=CMFD202001&filename=1019187665.nh。

读"图"时代

■ 在人类阅读史中，阅读是建立在媒介物质性介质之上的，文字符号和图像符号都是人们阅读的媒介。在现今的数字化阅读场域中，互联网赋予阅读文本超文本结构，文字、图像、音视频等多种介质符号在超文本海域中漫流，造成阅读的视觉化和浅表化，快餐式阅读和浅阅读盛行。

微博

人民日报微信公众号

在视觉文化的环境下，图像相对于文字，具有压倒性优势。面对这种情况，文字也在努力地为自身的发展寻求新的出路。文字积极与图像、影像作品互动融合，各种改编、解读作品层出不穷。

《人世间》电视剧海报

《人世间》
梁晓声著　中国青年出版社　2017年

读"图"时代

■ 图书、期刊等传统的文字承载物也在积极
谋求转型，寻求文字与图片更好的结合方式。

随着新媒体的快速发展，人们对信息能够被快速传播与高效解读的需求越来越高，图像化与动态化成为信息传播与表现的新趋势。图形符号、表情包、信息可视化设计、MG动画、动态海报等表现形式各有特色，信息的视觉化表现与传播在未来将会进一步发展，以更多元的形式来改变我们对信息的感官认知。

《漫画论语》

蔡志忠编绘　河北教育出版社　2021年

蔡志忠，漫画家，1992年开始从事水墨创作，出版《蔡志忠经典漫画珍藏本》。1999年获得荷兰克劳斯王子基金会奖，表彰他"通过漫画将中国传统哲学与文学作出了史无前例的再创造"。代表作品有《庄子说》《老子说》《孔子说》《西游记38变》等经典漫画。

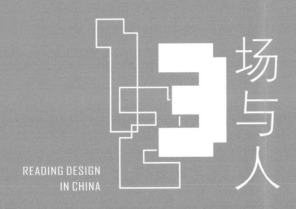

场 与 人
READING DESIGN
IN CHINA

场 与 人
SPACE & ACTIVITY

144/215

阅读地标　　　　　　150

国家总书库｜国家图书馆　　　　151
湖湘砥柱｜长沙图书馆　　　　　154
"e时代"信息中心｜东莞图书馆　　156
"美丽书籍"｜广州图书馆　　　　158
客家五凤楼｜河源市图书馆　　　160
楚天智海｜湖北省书馆　　　　　162
文化殿堂｜辽宁省图书馆　　　　164
现代公共文化空间｜宁波图书馆　166
文化之门｜四川省图书馆　　　　168
未来图书馆｜苏州第二图书馆　　170
书香雅集｜太原市图书馆　　　　172
滨海之眼｜天津市滨海新区图书馆　174
海洋之星｜郑州西亚斯学院图书馆　176
岭南风韵｜中山纪念图书馆　　　178

多元空间　　　　　　　　180

中国古代藏书楼　　　　　　180
当代图书馆　　　　　　　　182
大开放　182
小布置　183
精细节　186
可多元　187
可轻松　188
可现代　189
可传统　190
可环保　192

创新活动　　　　　　　194

"图书馆杯"主题图像创意设计　　194
扫码看书，百城共读　　　　　196
科技星期天　　　　　　　　198
飞阅松湖　　　　　　　　　199
绘本专题图书馆服务体系　　　200
邻里图书馆　　　　　　　　202
签·约世界　　　　　　　　203
书心旅图　　　　　　　　　204
布客书屋　　　　　　　　　205
南图姐姐　　　　　　　　　206
星星点灯　　　　　　　　　207
书偶创意设计　　　　　　　208
南书房　　　　　　　　　　210
手抄地方文献　　　　　　　211
我是你的眼　　　　　　　　212
邂逅图书馆之美　　　　　　214

● 《汉书·艺文志》有言："建藏书之策，置写书之官，下及诸子传说，皆充秘府"。早在两汉时期，我国已有成熟的宫廷官府藏书制度，并沿袭2000多年。而伴随着历朝历代的右文激赏，上行下效，民间藏书也代不乏人。我国古代藏书的地方称为藏书楼，毕竟图书金贵，得来不易，因而有着"藏而不用，重藏轻用[1]"的特性，主要是服务于士大夫阶层的场所，某种程度上看，甚至是财富的象征。

降至晚清，国门大开，新式出版提供了数量远大于传统的书籍，来自西方的图书馆思想、观念和方法也逐渐传入中国，私有、封闭、专享的藏书楼在一些沿海城市、口岸城市逐渐向公共、公开、共享的图书馆转变。图书楼和图书馆尽管只一字之差，所蕴含的意义却判若天壤：作用、空间、目的、资源标准、组织方式、服务人群、服务手段、覆盖范围……

随着信息时代到来，读者对图书馆的需求前所未有的多元，图书馆的空间布局因为有现代钢构材料和相应建筑技术的支撑，也完

1．左玉河：《从藏书楼到图书馆：中国近代图书馆制度之建立》，《史林》2007年第4期。

成了从分隔空间向大跨距组合空间的转变，当代图书馆建筑及内部空间的开放程度越来越高，从以书为主，转变为以人为主。回顾新中国成立以来图书馆空间的变化，大体脉络如下：

（1）萌芽阶段（20世纪40年代至80年代），图书馆以藏为主、阅为辅，实行闭架管理，空间布局以书库为中心，书库与阅览室被划分成界限分明的两块区域，连接读者和资源的是各个图书馆体量庞大的目录厅，各空间功能相对单一，分离读者与书籍，无法提供一体化的藏、借、阅服务。如1975年建成的北京大学图书馆，虽拥有书库、阅览室、展览室等空间，但仍实行闭架管理，没有突破传统图书馆的管理模式。

（2）发展阶段（20世纪80年代至20世纪末），空间规模不断扩大，功能日趋完善，引入自动化技术和计算机技术，图书馆逐渐转变为读者学习和交流的场所，具有以人为本、功能多样、技术先进、环境舒适等特点。如1998年北京大学建成的新图书馆，使用大开间布局，与旧馆连接畅通，在网络电子资源、读者服务等方面取得了飞速的发展。

（3）繁荣阶段（21世纪初），信息技术的变革催生了图书馆的变革，实现了实体空间和虚拟空间的优势互补，注重电子资源建设，图书馆承担着阅览、休息、交流、展示、报告、观演等功能，传统图书馆逐渐发展为满足时代发展和读者需求的智能化、现代化图书馆。最突出的现象之一，就是传统卡片目录的彻底消失。如2010年建成的上海浦东图书馆，集藏、借、阅一体化大开间布局，所有服务区域向读者开放，阅览桌椅紧邻书架，体现以人为本、空间布局合理的设计理念。

（4）持续上升阶段（近10年来），当书籍变得丰富且易得，当阅读由"纸读"走向"屏读"，单纯作为借阅场所的图书馆失去了引以为傲的服务优势，这对我国图书馆提出了新的要求。近年来，我国部分图书馆着力于空间再造及功能创新，图书馆更加注重人的需求、生态环境及资源融合，具有可接近性和开放性，更加多元化[2]，图书馆逐渐成为阅读文化中心、知识交流中心、终生学习中心，乃至人际交往中心。如2019年底正式开馆的苏州第二图书馆，拥有国内首座藏书容量700万册的大型智能书库。节省空间资源的同时，在国内率先实现图书馆服务的智能化管理。馆内还设有多个"黑科技"空间，包括数字体验馆、音乐图书馆等，给读者带来不一样的体验。

传统图书馆以藏为主、以书为主，藏阅两大空间严格分开，彼此独立，缺乏弹性，使图书和读者分离。而当代图书馆则以人为主、以用为主，采用开放化的空间布局，让空间变得灵活、紧凑、多样、弹性，使人和书由传统空间的互相分隔走向合一，促使藏、借、阅、管走向一体化，读者节省了时间，图书馆提高了使用效率。读者从被动等待到主动探寻，不

2. 张鹤凡：《我国图书馆空间改造及发展趋势研究》，东北师范大学硕士学位论文，2018年。
据中国优秀硕士学位论文全文数据库：https://kns.cnki.net/KCMS/detail/detail.aspx?dbname=CMFD201802&filename=1018707515.nh。

断与空间环境对话，从而自由地获取资源和服务，人与空间、资源的契合度越来越高。

当代图书馆提倡社会服务的均等化、普惠化，更加注重空间内的舒适度、便捷性和读者的主观感受。以读者为中心，图书馆空间设计更为人性化，根据不同读者的实际身体、心理、学力、年龄、偏好等特点来设计空间，保障大众阅读的基本权利和分众阅读的特殊需求，考虑细分用户需求，为不同社会群体设计并营建符合他们期望的信息资源中心和相应的阅读环境。同时，现代图书馆由传统的单一借阅功能向综合性多功能转变，是人与人交流的场所、交互的中心。它不仅为读者提供传统的静态阅览空间，还致力成为"知识的现实象征""校园的智慧焦点""学习的天堂""协作的基地"，提供多种供社会活动、学习研究的动态空间，成为集资源、教育、休闲、娱乐于一体的社交文化空间。

伴随计算机、网络、通信、多媒体等信息技术的发展，图书馆较既有的资源类型、空间布局、服务方式有了全新的超越。虚拟空间融入现实空间，一种满足读者多元阅读需求的高智能化理念逐渐嵌入图书馆空间设计中——楼宇智能化、通信智能化、业务智能化，智能化立体

书库、图书智能分拣、智能借阅柜等设施普遍应用，图书馆数字技术让读者置身其间，让图书变得触手可及，不知不觉之中跨越了数字鸿沟。

富有创意的建筑设计，各具特色的专题空间，舒适宽松的软装环境等，物理空间构成了静态知识流动的磁场；娱乐休闲、互动交流、知识分享的阅读活动和交流平台，促进动态的知识交流和转化，图书馆是知识碰撞和创意激发的精神空间。图书馆，可以看作开放社会的一个文化象征。

总之，服务于全社会阅读的图书馆尤其公共图书馆，在建筑搭建、空间设计和活动策划方面，越来越倾向于为读者营造适宜阅读的物理空间和友善氛围，阅读推广成为图书馆尤其是公共图书馆的重中之重。

国家总书库——国家图书馆

湖湘砥柱——长沙图书馆

"e时代"信息中心——东莞图书馆

"美丽书籍"——广州图书馆

客家五凤楼——河源市图书馆

楚天智海——湖北省图书馆

文化殿堂——辽宁省图书馆

现代公共文化空间——宁波图书馆

文化之门——四川省图书馆

未来图书馆——苏州第二图书馆

书香雅集——太原市图书馆

滨海之眼——天津市滨海新区图书馆

海洋之星——郑州西亚斯学院图书馆

岭南风韵——中山纪念图书馆

● 阅读行为是建立在文本之上的读者思维再造，文本藉由阅读转化为知识力量。为适应全社会普遍高涨的阅读呼声，图书馆尤其公共图书馆迅速调整了工作重心，改进了服务方式，将封闭的场馆变为开放的区域、将静态的信息变为动态的知识、将单一的内容变为多形态的触媒，尽一切可能，降低阅读门槛，消除阅读障碍，使读者可以轻松、快捷地获取知识，自由、愉悦地享受阅读。

通过古与今、新与旧、传承与创新的建筑设计，图书馆具象地呈现了当地的历史背景、地域特色、人文环境和发展现状。它不单是阅读地标，更是人们的精神堡垒。

■ 中国国家图书馆是国家总书库、国家书目中心、国家古籍保护中心、国家典籍博物馆，馆藏文献超过3500万册/件，并以每年百万册/件的速度增长。"敦煌遗书"、"赵城金藏"、《永乐大典》、文津阁《四库全书》被誉为其"四大专藏"[3]。

国家图书馆总馆北区、总馆南区、古籍馆三处馆舍并立。总馆北区以大众型读者为主，提供中文新版文献借阅、电子文献、音视频资源阅览服务；总馆南区以研究型读者为主，提供外文文献、中外文专藏文献的专业性服务和国家典籍博物馆展陈服务等；古籍馆则以古籍业务为主，提供普通古籍、外文善本、旧地方志、家谱文献的研究性服务等。

中国国家圖書館
NATIONAL LIBRARY OF CHINA

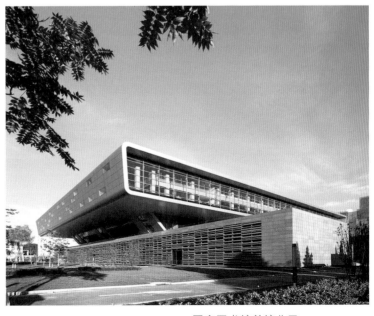

国家图书馆总馆北区 2008年建成开放

3. 金武刚、赵娜、张雨晴、李霜：《中国国家图书馆的"第二功能"：现代公共阅读服务的推动者、示范者与创新者》，《国家图书馆学刊》2019年第5期。

场与人
SPACE & ACTIVITY

国家图书馆总馆北区内景 | 局部

上：国家图书馆总馆南区 | 下：国家图书馆古籍馆
1987年建成开放　　　　　　1931年建成开放

湖湘砥柱——长沙图书馆

■　长沙图书馆老馆馆址定王台是湖南图书馆事业的发祥地，新馆位于新河三角洲长沙滨江文化园内，2015年底全面开放。长沙馆外形设计如同巨大的磐石屹立在湘江和浏阳河的汇合处，象征开放、创新的"湖湘精神"和刚强、勇敢的"湖南性格"。镌刻在图书馆外墙上的《论语》《荀子·劝学篇》等学习名句，展现了长沙馆的文化追求。

该馆以打造城市"文化综合体"为目标，馆内设置有多元文化馆、长沙人文馆、新三角创客空间、乐之书店、阅读花园等二十多个功能区域。该馆自主开发"云馆藏"读者选购系统，向全城派送免费购书券，读者在线领取后可到登录选书界面自主购书，即为借阅，由图书馆直接寄送到读者手中。"云馆藏"活动改变了图书馆传统的图书采购理念与做法，有效提高读者阅读积极性。

本版图片由长沙图书馆提供

上：东莞图书馆 | 下：4.23空间站

"e时代"信息中心——东莞图书馆

图片来源：东莞图书馆

■ 东莞图书馆新馆于2005年9月正式开放，建筑整体分为图书馆功能区和购书中心两大区域，并在建筑的俯视效果上形成"I""E"两个字母，体现了图书馆作为高科技"e时代"信息中心的整体形象。

东 莞 图 书 馆
DONGGUAN LIBRARY

东莞图书馆确立"技术强馆"的办馆理念，合作研发Interlib集群管理系统，在全国率先推出24小时自助图书馆、图书馆ATM，建设新型公共电子阅览室，建立公共数字文化服务的新形象和新路径；开通学习中心、移动图书馆等平台，开发单点登录、一站式检索等数字技术功能。

馆内从一楼的总服务台、大厅展览区等交互性空间，到二楼公共电子阅览室等数字资源新型服务区域，三楼书刊借阅区等传统大众的阅览场所，四楼的台湾书屋、东莞书屋等专题馆，形成了动到静的渐变楼层设置，使资源服务逐渐集中。

馆内空间

图片来源：东莞图书馆

上：广州图书馆 ｜ 下：广州人文馆

■ 广州图书馆是广州的文化窗口，坐落于广州新城市中心、有"城市客厅"美誉的花城广场，面向广州塔，与周边的广东省博物馆、广州大剧院、广州市第二少年宫形成文化共同体。它以"美丽书籍"为设计理念，依托城市新中轴线景观，取东西走向、南北塔楼、独特的"之"字造型，突出层叠的建筑肌理，寓意书籍的重叠和历史文化的积淀，同时融入骑楼等岭南文化元素，体现了对地方传统的尊重。该馆2011年入选"新广州好百景"。

作为城市的文化窗口，除了建筑外形给读者强烈的历史底蕴感外，广州图书馆还设立了广州人文馆，该人文馆是地方人文专题服务和开展广府文化研究的基地，岭南地方人文文化的展示、交流和共享空间，《广州大典》成为遐迩闻名的文化品牌。将地区文化和城市元素相融合，置身其中，便能感受到地道的广府文化。

广州图书馆中庭空间

■　2016年12月，占地3万平方米，建筑面积2.5万平方米，位于客家文化公园中轴线中心湖北岸的河源市图书馆新馆正式对外开放。

其外形设计取材于客家五凤楼的造型，五个功能建筑体顺应倾斜的地势，呈台地式布局，层进式的空间特点使图书馆有如镶嵌在山体之中的一颗明珠，背山面水，体现了典型的客家建筑风水文化。图书馆的设计突破过去藏、阅、借三大传统区域分隔的格局，各借阅厅采用大平面、大开间的设计，富有现代气息，营造一种"人在书中，书在人旁"的阅读环境。馆内还设有极具特色的多功能报告厅、少儿天地、多媒体阅览区、古典典藏室等，以满足市民多样化的阅读需求。

河源市圖書館
HEYUAN LIBRARY

客家五凤楼

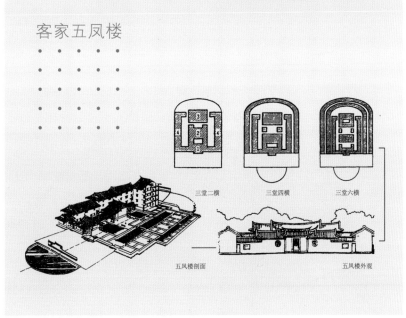

三堂二横　　　三堂四横　　　三堂六横

五凤楼剖面　　　　　　五凤楼外观

上：河源市图书馆俯视图　｜　下：客家五凤楼结构

楚天智海——湖北省图书馆

■ 湖北省图书馆新馆位于武汉市武昌区沙湖南侧，南临公正路，西处城市绿地，北依沙湖水域，风景优美。该馆2012年11月竣工，12月正式开放。图书馆设计总体规划融于自然，力求给读者营造亲近自然的阅读环境。图书馆建筑主体造型以"楚天鹤舞、智海翔云"立意，东西两翼对称舒展，犹如白鹤亮翅轻舞，建筑上的云纹装饰和沙湖波澜，相映成趣。

湖北省图书馆

楚天智海——湖北省图书馆

湖北省图书馆是全国绿色建筑的标杆，其建筑墙体外挂蜂窝铝板及中空镀膜玻璃，外带遮阳百叶，建筑顶部采用可种植绿化的保温屋顶。室内阅读区域通明透亮，设计有采光屋面，大落地窗，读者乘坐观光电梯，美景一览无余。图书馆北面分级退台建成分级空中花园，为读者提供舒适的室外阅读空间。沙湖美景在望，周围的自然景色融为图书馆环境的一部分，相得益彰[4]。

屋顶绿化休闲区

4. 贺定安、万群华、张清宇：《论湖北省图书馆新馆建筑风格与特色》，《图书馆》2013年第2期。

■ 辽宁省图书馆新馆于2015年建设完成并试开馆，2017年4月全面开馆，日益成为广大读者的文化殿堂。

辽宁省馆现有馆藏文献650余万册/件，古籍文献61万册，其中善本12万册，宋元版100余部，藏有丰富的东北地方文献和有关满族、清代以及伪满时期的文献资料。辽宁省馆设立了东北抗联历史资料馆、辽宁作家作品展示区，全方位展现辽宁文化风采。"文溯书房"主题阅览专区侧重推广国学经典阅读。开设古籍阅览室、民国书刊阅览室、《四库全书》系列丛书阅览区，通过全息影像技术可以看到馆藏善本，《四库全书》等影印文献则供读者开架阅览。

文溯书房

图片来源：辽宁省图书馆

上：辽宁省图书馆外观 | 下：图书馆环境

图片来源：辽宁省图书馆

■ 宁波图书馆新馆位于东部新城市民广场区后塘河北岸，中央走廊、行政中心轴交汇处，北临宁穿路，东以新杨木碶河滨河绿地为界，于2018年12月开馆。藏书量约150万册。新馆为一体式建筑，自然采光充足，布局符合"现代公共文化空间"的要求，展现了宁波"书藏古今、港通天下"的文化底蕴。

宁波圖書館
NINGBO LIBRARY

除传统的图书借阅功能外，图书馆还创设了自助图书馆、创客空间、音乐馆、乔石书房等文化空间。占地580平方米的艺术空间用于举办各类展览；艺研室是提供以艺术为主题的互动讨论的开放场所；友城书房收藏来自宁波友好城市赠予的图书、画册等文献资料，是对外文化交流和展示的窗口；创客空间配有手工机床、机器人等设备，是创新实践的新型空间。

宁波图书馆

文化之门——四川省图书馆

■ 四川省图书馆新馆位于成都市文化核心区天府广场西北角，2015年12月建成开馆。外观设计理念为"文化之门"，建筑形体由四川汉代高颐石阙的型制拓扑转换而来，经由人文符号的抽象表达，突出地域特色。建筑外立面转角石材幕墙采用阴刻篆体字，丰富了建筑文化内涵。该馆500余万册藏书中，包括古籍65万册、民国文献22万册，数字资源150TB。

四川省图书馆外立面局部

四川省馆注重阅览空间的文化底蕴，顶部LED矩阵光源让人联想到古代活字印刷和今天的电脑键盘，营造出贯通、明亮的阅读文化氛围。星光阅览厅南北侧为通透的玻璃幕墙，配置超白彩釉玻璃，加强了与室外的视觉沟通，提高了大厅的自然采光率。中庭阅览空间采用退台式设计，两侧通高书墙，藏阅一体，方便读者随时取阅。

上：四川省图书馆 ｜ 下：星光阅览厅

上：VR自由体验区 ｜ 下：智能化书库

图片来源：苏州图书馆

■ 苏州第二图书馆于2019年12月正式开馆。该馆借鉴国际先进经验，捕捉未来图书馆发展方向，是一座阅读学习与文化休闲相互融合、焕然一新的现代化新概念图书馆。

蘇州第二圖書館
Suzhou No.2 Library

馆内设有多个黑科技体验空间，如：五楼的数字体验馆，是高科技与数字创意碰撞的场所，集聚着近年热门流行新技术；音乐图书馆的音乐走廊，随着曼妙旋律变幻光影，360度全息投影缔造星空视觉。通过虚拟现实、体感交互、三维立体等高科技多媒体互动，突破传统图书静态阅读方式，让读者获得身临其境的体验。

苏州第二图书馆

苏州第二图书馆是国内首个文献存储空间最大化和智能化的高密集型书库，可容纳700余万册藏书。节省空间资源的同时，在国内率先实现图书馆服务的智能化管理。

■ 太原市图书馆于2014年4月开始对位于滨河西路的旧馆全面改造扩建，新馆将旧馆包融为一体，2017年10月建成对外开放。图书馆建筑总体设计像书架上靠拢的书本，又像沟壑起伏的黄土高原地貌，寓意着四库全书的厚重和历史文化的积淀，突出了图书排列、层叠的建筑肌理。内部装饰以设计者崔愷院士提出的"书宅大院，中式风格"为总基调，将城市空间、汾河景观引入阅读空间，整体布置端庄典雅、温馨静谧。

太原市图书馆
TAIYUAN LIBRARY

太原市图书馆注重为读者营造文化休闲空间，让新馆成为"千年古城的文化客厅、汾河岸边的城市书房、市民读者的精神驿站"。开设国学课堂、书画创作研究室等多个特色创新空间，提供咖啡书吧、读者餐厅等服务。馆藏特色文献资源包括涵盖六十余年国内出版物的保存本（含过报过刊）、建馆至1976年的人大分类法图书、三晋地方文献等。

太原书院

上：太原市图书馆 | 下：马克思书房

■ 天津市滨海新区图书馆于2017年10月开馆，设计理念融合传统图书馆"藏、借、阅"功能及数字图书馆功能，同时创造富有文化氛围的读者交流共享空间。馆藏注重地方特色资源，包括对手绘地图、地契、银票等在内的非书资料的收集和珍藏。

图书馆坐落于滨海文化中心东侧，主体结构六层，其中地上五层为主要阅览区，地下一层为基本藏书库、古籍书库、密集书库等。它有充满创意的"滨海之眼"和"书山有路勤为径"景观。中庭是备受关注的亮点，一个外径为21米的环球厅占据了中庭的中央位置，像"天眼"一般。环绕环球厅的是呈波浪状逐级上升的34层白色阶梯，梯田式书架呼应球体，从下往上层层铺开，是集休息、阅读、会友于一体的社会性空间。

馆内阅读空间

图片来源：ArchitectureDaily

海洋之星——郑州西亚斯学院图书馆

郑州西亚斯学院图书馆

■ 郑州西亚斯学院图书馆于2017年5月举行开馆典礼,被院内师生昵称为"海洋之星""西雅图"。该馆外观设计采用"学士帽"的学院风造型,蓝白相衬的海军风色调,用简单的"线条编织"法勾绘出错落有致的窗格。

图书馆共15层,融科学、人文、环保、现代、青春、时尚多种元素于一体,设置了如大滑梯、玻璃栈道、VR体验等设施,布置了如咖啡区、休息区、影视放映厅等各类休闲空间。其中一楼"星空圆厅"的星空屋顶、通天书架、镜面立柱让人流连忘返;三楼多彩的灯光、沙滩学习区和"中文新书区"的透明亚克力书架,营造自由浪漫氛围;四楼的外文书架、彩色学习间等,是奇思妙想的读书空间;三至六楼都摆放着太空舱,可供读者阅读疲惫时放松小憩。

图片来源：郑州西亚斯学院图书馆

上：阅读空间　│　下：星空圆厅

岭南风韵——中山纪念图书馆

马赛克壁画《香山星座》

■ 2019年11月12日，孙中山先生诞辰153周年纪念日，备受瞩目的中山纪念图书馆新馆正式试运行，为读者提供"公共阅读、信息咨询、教育培训、学术交流、文化传承、科学研究、展览展示、社会服务"等一体化服务。图书馆建筑面积57660平方米，与公园融为一体，同时融入柱廊、骑楼、艺术墙等元素，充分体现岭南文化特色。

中山纪念图书馆

大厅入口，马赛克壁画《香山星座》里的26位香山先贤从上而下、气势非凡。壁画高42.6米、宽4.4米，总面积187.44平方米，是国内最大的室内马赛克壁画。针对新馆贴近兴中园的特点，中山纪念图书馆的设计团队制定了"公园中的图书馆"目标，大到四楼布满绿地的室外平台，小到各楼层走道外延伸到空中的绿色枝条，整个场馆无不被绿色覆盖。

上：中山纪念图书馆　|　下：馆内绿化空间

多元空间

场 与 人
SPACE & ACTIVITY

180/181

中国古代藏书楼
当代图书馆

● 从最初的藏书楼到以人为中心的图书馆，从静态的文献获取到动态的文化交往，读者对图书馆空间价值有了更高要求。图书馆不再是单纯藏书的地方，更多的是一个将读者和知识、体验、分享联系在一起的多元空间。

■ 藏书楼是中国古代供收藏和阅览图书用的建筑，其最原始、最基本的功能就是收藏各类典籍，以"藏"为主，以"阅"为辅，仅供少数人使用，与世隔绝，实行封闭式管理。

中国最早的藏书建筑往往为宫廷所有。随着雕版印刷、科举取士、城市生活的渐次发达，宋元以后，民间藏书发展迅猛，个人兴建的藏书楼日渐增多。明代兵部右侍郎范钦的天一阁藏书楼，位于浙江省宁波市，是我国现存、世界上历史最悠久的私人藏书楼之一[5]。

晚清徐树兰筹建、位于绍兴的古越藏书楼于1904年向公众开放。古越藏书楼有阅览厅，读者凭阅览牌到楼里看书。该楼还供应茶水和膳食，它的开放标志着中国私人藏书楼向公共图书馆的过渡，也标志着中国近代图书馆的诞生。

古越藏书楼

图片来源：国家古籍保护中心微信公众号

5. 吴晞：《从藏书楼到图书馆》，《图书馆工作与研究》1994年第1期。

大开放

◆　传统图书馆以藏为主、以书为主，而当代图书馆以人为主、以用为主。荷兰建筑师库哈斯强调，要尽可能扩大室内空间，采用错层方式，通过中庭、廊道、坡道等空间介质让空间延续。主张把围墙打开，让读者从内部感受到外部环境的变化。开放性布局打破人和书相互分隔的传统，促使藏、借、阅、管走向一体化，人与空间、资源的契合度越来越高[6]。

开放式空间布局

杨白柳摄　《阅读大厅》
"寻找图书馆最美阅读空间、人文阅读"摄影作品公益展入围作品

杭州图书馆

6. 陈幼华、杨莉、谢蓉：《阅读推广视角的图书馆空间设计研究》，《图书馆杂志》2015年第12期。

小布置

◆ 当代图书馆将传统惯用的分散条形空间改为大进深的块状布局，将色彩、照明、家具等元素作为空间设计的重点，着力打造适宜读者阅读的空间环境氛围。

跟传统单色调、通白灯光、统一家具不同，现在空间元素设计向着多样式发展，力求与空间环境协调配合。通常先确定整个空间的主格调，是传统还是现代，是沉稳还是灵动等，结合空间资源特点和服务功能，提炼空间主题，然后设计空间内元素，营造与主题匹配、极具个性、有高度辨识特征的物理空间。

利用色彩、照明、家具等元素装饰空间不仅提升了空间环境的品质，还能触发读者与空间的情感链接。同时，有效营造阅读氛围，揭示空间资源和功能，提高图书馆对读者的吸引力。

沈阳师范大学图书馆明德讲堂

明德讲堂总面积120平方米，收藏国学经典、专业经典2000余部。作为经典阅读空间，整体采用简洁典雅的棕色调，配备传统的原木色家具和古式灯具，营造古色古香的氛围。

小布置

◆　另外，当代图书馆也会采用元素区划空间功能，突出范围，打造重点区域，引导读者注意和靠近，发挥导向功能。如利用曲线型的书架排列，改变以往直线并行的呆滞感和延阻性，激励读者深入浏览；桌椅采用特殊的选材及造型，让读者放松心情。

书架布置
严正东摄　《亲子空间》
"寻找图书馆最美阅读空间、人文阅读"摄影作品公益展入围作品

人文关怀也更多地在设计中体现出来。以书架为例，书架设计逐渐侧重利于读者检索取用，方便馆藏图书的开架借阅。

桌椅布置
宋元明摄　《图书馆的对称与线条》
"寻找图书馆最美阅读空间、人文阅读"摄影作品公益展入围作品

精细节

环境色彩布置

周林摄　《七彩书屋》

"寻找图书馆最美阅读空间、人文阅读"摄影作品公益展入围作品

◆　现在图书馆更多地考虑细分用户需求，为不同社会群体设计符合他们期望的信息资源中心和相应的阅读环境。例如儿童阅览室，会放置以图画为主的书籍，用形象的模型摆设、缤纷的色彩增添空间内的趣味性；针对弱势群体利用图书馆资源的困难，设计无障碍进馆通道、无障碍电梯，配备残障读者专用电脑、读物的盲人文献视障阅览室；兼顾普通读者对图书馆特殊空间要求，配备全天候服务的24小时自助图书馆。

东莞松山湖图书馆24小时自助图书馆

图片来源：东莞松山湖图书馆

可多元

◆　传统图书馆的收藏和利用以纸质文献为主，现在视听、缩微、电子资源等多元知识载体的出现，促使图书馆信息储存手段和服务方式变得多样化，资源布局也突破了按照载体形态分散布局的传统方式。

东莞图书馆漫画图书馆

专题空间设计应运而生，在空间上融合交汇同主题相连贯的功能区，有效整合同一主题的信息资源，将纸质、电子、活动等多载体文献、多元化服务纳于同一空间内，集中展示，构建一体化服务模式，强化资源特色和优势，极大地提高了读者获取文献资源的系统性、专业性和便捷性[7]。

7. 赵爱杰：《图书馆动漫文化空间营造的原则与策略》，《图书与情报》2017年第4期。

可轻松

◆ 2016年，上海图书馆时任馆长吴建中先生提出"第三代图书馆"的概念。第三代图书馆强调为人设计，集学习、交流、知识、空间的多功能于一体，促进人与人、人与信息之间的交流和分享。

现代图书馆从以书为中心向以知识和数字为中心转移，由传统的单一借阅功能向综合性多功能转变，是人与人交流的共同体。图书馆不仅为读者提供传统的静态阅览空间，还致力成为"知识的现实象征""学习的天堂""协作的基地"，提供多种社会活动、学习研究的动态空间，如演播室、音乐厅、研讨室、展厅、报告厅、创客空间等，致力营造一个读者间互动、交流、学习、共享的社交文化空间。同时还强调休闲功能，配备读者娱乐消遣的画廊、书店、咖啡厅等，在读者利用、生产知识的同时，还能按摩精神、放松情绪，让读者乐于沉浸在图书馆的文化氛围当中。

宁波图书馆天一音乐馆

宁波图书馆天一音乐馆落成于2015年元月，建筑面积约300平方米，包括音乐视听室、音乐欣赏区两大核心功能区块，常年开展各类主题音乐文化推广活动，是鉴赏音乐、解读音乐及研究音乐的城市综合性公共音乐空间。

可现代

◆ 伴随计算机、网络、通信、多媒体等信息技术的发展，图书馆较既有的资源类型、空间布局、服务方式有了全新的超越。虚拟空间融入现实空间，一种满足读者多元阅读需求的高智能化理念逐渐嵌入图书馆空间设计中。

楼宇智能化、通信智能化、业务智能化，智能化立体书库、图书智能分拣、智能借阅柜等设施的普遍应用，帮助图书馆更完善、便捷地为读者提供优质、个性化的信息服务。广泛开通的各种体验空间，如影视观赏区、电子游戏体验区、创客空间等，引进当下新兴技术设备，如VR心理体验系统、3D打印机、瀑布流借阅屏，图书馆数字技术让读者不知不觉中跨越数字鸿沟。

深圳宝安图书馆智能分拣系统

深圳宝安图书馆智能分拣还书系统是全国首个把物流分拣运用到图书分拣的"黑科技"，智能分拣平台分上下两套，机器人协作运行，包含28台分拣机器人和4台搬运机器人。只要将归还图书放进分拣窗口，便会有分拣机器人将书按类投递进对应的格口。

可传统

◆　除强调现代化、智能化外，当代不少图书馆在设计理念上也会根据自身继承的传统家底，考虑从传统民族文化中汲取灵感，建设具有传统文化、地域特征的空间。

这种空间设计通常会采用富有隐喻性的历史符号展示所在城市的历史脉络、文化肌理，传递其"文化共性"；也有根据当地历史建筑遗产，而保留、扩展和再创作的。无论采用哪种方式，都是将内在的、独特的文化要素在空间设计中体现出来，赋予阅读空间更多的地域文化和人文精神，唤起读者的情感共鸣与精神追求。

中山大学学人文库

涂明摄　《中山大学学人文库》
"寻找图书馆最美阅读空间、人文阅读"摄影作品公益展入围作品
中山大学学人文库位于中山大学南校园图书馆总馆一楼西南侧，设计采用16—19世纪欧洲图书馆流行风格，融入中国历史文化元素。文库西厢采用书架式墙壁，东厢为铁制结构书架阅览室，挑高双层，以旋转楼梯相连接，康乐红墙圆顶钢窗，具岭南红楼神韵。

当代图书馆

大开放 小布置 精细节 可多元 可轻松 可现代 可传统 **可环保**

深圳图书馆玻璃外墙

当代图书馆

大开放 小布置 精细节 可多元 可轻松 可现代 可传统 **可环保**

当代图书馆

大开放 小布置 精细节 可多元 可轻松 可现代 可传统 **可环保**

可环保

◆　古罗马哲学家西塞罗有一句名言："若图书馆有花园相伴，我别无所求。"他强调的是图书馆与自然环境的互通。

人是环境的一部分，环境友好是当下乃至未来图书馆设计必须考虑的重要因素，因此讲求内部空间的实用、经济与环境效益，在空间设计中融入绿色节能环保理念，注重人与自然和谐相处，与周边环境协调共生，成为图书馆建筑设计的发展方向。

当代图书馆多采用环保安全的建材，尽可能利用自然光、太阳能、风能等可再生能源，配套节能环保设施，如智能化控电、控水系统减少能耗、循环利用，将环保理念落实到每一个角落和全过程——通过设计户外休闲区、室内种植植物、使用玻璃外墙等方式，营造安静舒适的环境，让读者能直接感受自然，融入自然，提高阅读质量。

坪山图书馆室内绿植墙

● 用户偏好细分，需求无限多样，图书馆通过追踪读者的趣味变化，配置资源、布置空间、拓展活动，总之，以人为中心来创新活动形式和内容，鼓励、奖掖读者走进图书馆、利用图书馆，从阅读中打开通向世界、通向未来的窗口。

■ 2017年广东首创并发起广东省首届图书馆杯"4·23世界读书日"主题海报创意设计大赛，后拓展到全国，2018年全国首届"图书馆杯"主题海报创意设计大赛和2020年全国"图书馆杯"主题图像创意设计征集活动由中国图书馆学会阅读推广委员会主办，进一步扩大了影响。

2020年全国"图书馆杯"主题图像创意设计作品展览

三届大赛汇聚了许多优秀的作品，以巧妙的设计理念诠释阅读、倡导阅读、推广阅读，不仅可应用于全国各大图书馆的实际工作中，亦具有较高的传播价值和审美价值。

全国首届图书馆杯主题海报创意设计大赛一等奖　第二届图书馆杯人气之星作品（馆员组）
《书的高度》　作者：黄君　　　　　　　　　　　《阅读沐我心》　作者：沈净舟　上海图书馆选送

READING AND
A GOOD LIFE
2020
WORLD READING DAY

4.23

第二届图书馆杯银星设计作品（读者组）《阅读与美好生活》 作者：黄梦林 中山纪念图书馆选送

扫码看书，百城共读

■ 随着智能手机、移动互联技术的普及，数字阅读蔚为潮流。为方便读者快速便捷获取优质数字资源，中国图书馆学会阅读推广委员会于2016年起发动全国各地图书馆及其他社会阅读机构共同开展"阅读推广公益行动"，期间先后策划了"扫码看书，百城共读""悦读 悦听 悦览，码上同行"主题活动，并于2020年拓展升级。

活动利用海报宣传、名人形象推广等方式，将包含在线阅览地址二维码的数字资源信息推送到读者身边，读者只需利用智能手机或平板电脑等扫码阅读工具，即可快捷在线获取活动提供的各种数字资源。活动精选优秀数字版读物，简化了数字阅读入口，通过效果量化统计数据，能及时了解读者阅读兴趣、倾向，为图书馆嗣后更好开展数字阅读指明服务方向。

东莞图书馆将阅读推广公益行动延伸至地铁

金陵图书馆活动小册子

长春市宽城区图书馆"地铁共读"数字资源推广活动

■ 图书馆作为科普阅读推广的中坚力量，其活动设计不但要促使人们爱上阅读、学会阅读，还要普及科学技术知识、传播科学思想、弘扬理性精神。北京市通州区图书馆开展"科技星期天"少儿科普阅读推广活动，推荐经典科普文献，取得良好效果。

活动主要通过"讲解+观察+操作"，包括"跨时空"科普栏目群"特斯拉实验室""I SEE科技沙龙"和"蔚蓝视野"，用经典、现代、未来科学的时间线，完整展现科学历程；"科普E点知"讲解生活中最常见、最棘手、最麻烦的问题；"奥秘剧场"用角色扮演和情景模拟，再现科学史事件，引发读者的好奇及思考；"绿色家园""科技人"展示图片、播放视频，通过反差让读者体会生态文明的意义；知识竞赛激发读者参与科普热情，验收学习成果。活动串联起科学发展的宏大脉络，化难为简，将科普生活化，将生活科学化。

上：特斯拉科普实验室现场体验科学奥秘
下：蔚蓝视野 DIY涂鸦脸谱活动

■　东莞松山湖图书馆于2018年开展"飞阅松湖"国家级高新区图书馆青少年科普阅读推广活动，开展品牌化、主题化、时尚化、多样化的科普阅读推广，实现青少年科普阅读的精准推广。

航空航天科普阅读是东莞松山湖图书馆着力打造的科普阅读品牌，以航空航天科普图书为基础，以专业人员为依托，联合航空学会、航空知识杂志社等，开展航空航天科普阅读。

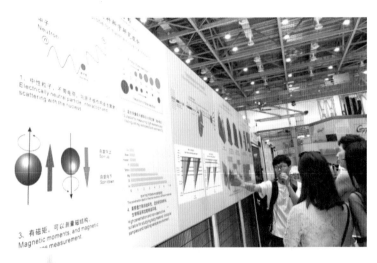

上："走读松山湖"　|　下：航空航天图文展、书展

南城金域华府多加绘本馆

■ 东莞图书馆建设全国首个绘本专题图书馆服务体系，以绘本为同一专题，依托总分馆体系，与分馆、社区、学校、幼儿园、机构等合作布点，共建融亲子阅读、活动交互、智能辅助阅读、绘本研究为一体的多功能绘本馆，搭建覆盖全市的儿童阅读服务网络。

运行模式：统筹管理、统一运作、资源共享、上下联动

建设原则：公平公益、统一规范、服务专业化、内容第一

东莞图书馆道滘分馆 绘本馆

邻里图书馆

■ "千家万户"阅暖工程——邻里图书馆以佛山市联合图书馆体系为依托，公共文化资源为基础，帮助社会家庭建立家庭图书馆，营造良好家庭阅读氛围的同时，盘活佛山市民家庭藏书资源，鼓励家庭力量提供图书借阅、文化活动等公共文化服务，搭建"图书馆+家庭"的阅读体系，依托万千家庭播撒阅读种子。

邻里图书馆项目以家庭为据点，建立家庭图书馆，让市民参与到阅读推广工作中，带动左邻右里加入阅读队伍，是图书馆社区服务和家庭服务的新形式。邻里图书馆为社会家庭和个人提供了文化展示的平台，让家庭成为蓬勃兴起的民间阅读的推广力量，借助民间力量推进阅读日常化。

上：具匠部落邻里图书馆"邻里交流"阅读活动
下：昭质邻里图书馆阅读分享会

■　跨文化交流是推动文化发展与创新的重要途径。以促进儿童与青少年多元文化交流为宗旨的"签·约世界"国际青少年书签设计交流活动始于2013年，由广州图书馆与美国洛杉矶县立公共图书馆共同举办，随后法国里昂图书馆、俄罗斯叶卡捷琳堡市长图书馆等相继加入。

书签作品

各个主办馆按照每年设定的阅读或图书馆相关主题，分别在当地组织儿童与青少年创作及评选书签，优秀作品巡回展览。通过阅读创作特色书签，鼓励读者以独特视角表达对阅读的所思所想，展现书签艺术的文化活力，激发亲子家庭阅读创作，吸引更多儿童和青少年走进图书馆，参与阅读和文化交流。

2013年中美书签设计大赛获奖作品展

快乐成长的孩子们

■ 农民子弟学校办学条件差、师资力量匮乏，外地务工人员普遍缺少亲子共读时间，所有这些，都不利于农民工子女阅读素养的培育。为帮扶农民工子女改善阅读环境，贵州大学图书馆于2018年启动"书心旅图——关爱农民工子女阅读推广项目"。

项目发动大学生作为书心天使，募集低幼读物，根据受赠学校情况搭建图书室或阅读角，和校方一起制订阅读计划，书心天使们定期到校陪孩子们共读，培养农民工子女的阅读习惯，激发他们的阅读兴趣。活动也使城市里的学生、志愿者、热心民众等参与这个公益爱心平台的营建和维护，公益和书香的范围因而扩大。

■ 以点带面开展儿童阅读，发动组建基层文化志愿者，有利于改善儿童阅读状况，拉长图书馆服务线，夯实图书馆读者忠诚度。贵州省图书馆策划的布客书屋是儿童阅读推广活动的一个品牌。布客是英文BOOK的音译，包含三个子品牌："布客书屋""布客儿童阅读推广志愿者"和"布客绘本故事会"。形成以"布客书屋"为文化志愿服务平台，依托平台建设"布客儿童阅读推广志愿服务队"，开展"绘本阅读推广"的服务模式。

布客主品牌旗下有
以下三个子品牌

布客书屋

布客儿童阅读
推广志愿者

布客绘本故事会

分布全省的多个公益布客书屋，主要为流动人口学校、乡村学校及特殊群体服务；各地文化志愿服务团队，主要开展志愿培训，研发"儿童阅读推广文化志愿服务工具包"，以绘本阅读为着力点，开展儿童阅读推广文化志愿服务，推动特色服务专业化和规范化。

德江县长堡中心完小布客书屋户外阅读

南图姐姐

"南图姐姐"讲述《诗经·小雅·鹿鸣》

■ 南京图书馆通过组建"南图姐姐"专业队伍，以"南图姐姐"故事汇活动为载体，尝试利用多种阅读形式，扩大服务范围，打造阅读公益联盟，并逐步将"南图姐姐"的影响力辐射至周边幼儿园、小学、盲校、援建流通服务点等单位地区，打造形成"南图姐姐"——天天悦读"1+X"阅读活动新模式，为未成年人成长助力。

依据未成年人的成长特点，精心策划"南图姐姐"故事汇系列活动，重视对0—3岁低幼儿童阅读的引导和探索，倡导亲子阅读，强调家庭共读。以"南图姐姐"故事汇活动为载体，秉承"请进来、走出去"理念，以"每天阅读+多元化"的服务内容和服务方式，打造天天悦读"1+X"阅读公益联盟。以《少儿阅读书目推荐》手册为桥梁，传递"南图姐姐"阅读指导经验。

英语绘本即兴表演

■　自闭症儿童是儿童中的特殊群体，由于他们语言理解、认知等能力较差，需要更多细致的陪伴帮助他们走出孤独。要吸引自闭孩子的注意需从他们感兴趣的地方入手，如共同阅读图文并茂的绘本、一起动手体验等[8]。

深圳南山图书馆于2012年起创办的"星星点灯"自闭儿童读书会，是一个有益的尝试。读书会探索以阅读绘本故事协助自闭儿童康复，努力为自闭儿童融入正常社会生活搭建平台。读书会每月一次，由南山区义工联、星光康复中心协办，以确保活动的专业性，给儿童更大的安全感。每场讲一个绘本故事，辅以认知训练、延伸游戏、感统训练等延伸活动，志愿者全程陪护，将社会交往能力、交通规则、环境认知、数字认知等训练融入读书会每个环节。

上：馆员向自闭儿童问好，发放座位号码牌
下：孩子们展示自己活动作品

8. 刘延莉：《图书馆开展自闭症儿童有效服务探究》，《图书馆工作与研究》2015年第7期。

书偶创意设计

■ 近年来阅读常与艺术结合，通过这种创新的活动设计，使读者在艺术欣赏、创作中加深对阅读作品的理解，表达阅读情感，促进阅读交流。2017年南京艺术学院图书馆、设计学院联合江苏省图书馆学会和江苏省高校图书馆情报工作委员会面向在校大学生举办"最是书香能致远—— 2017江苏大学生书偶创意设计作品大赛"。

活动以书本为依托，向书外拓展；以阅读为核心，以创意为灵魂，鼓励参与者围绕书中故事、人物、场景等设计与书有关、与阅读有关的各类绘画书偶形象、立体书偶形象以及数字多媒体书偶形象。基于阅读的艺术再创作，让书里书外的阅读形象活起来，感染了更多读者，让阅读更富趣味，进一步调动了大学生阅读的积极性。

大赛立体类银奖作品

作者：殷广旭

大赛平面类铜奖作品

作品名称：狂想曲　作者：刘晶俏（东南大学）

设计说明：每个人在阅读的时候的阅读体验是不同的，一千个读者眼中就有一千个哈姆雷特。做动画的我们一直在向国外学习，但我们自己的文化底蕴是十分深厚的，我们的创作素材、灵感来源于中国几千年来的各种传说故事，这些不比好莱坞的超级英雄差。书中自有黄金屋，书中的世界远比我们想象的更加丰富！

■　美国著名文学批评家哈罗德·布鲁姆在《如何读，为什么读》一书中说，深读经典是一种"有难度的乐趣"。图书馆经典阅读活动设计更关注增加读者阅读经典的乐趣，降低阅读经典的难度，协助读者有针对性地选择经典阅读。

南 书 房
SOUTH SPACE

深圳图书馆"南书房"是集阅读、活动与展示功能于一体的城市经典阅读空间，形成了"'南书房家庭经典阅读书目'系列活动""深圳学人南书房夜话""经典诵读"等经典阅读推广活动板块，取得不俗成绩。其中"南书房家庭经典阅读书目"系列活动包括专题讲座、书目展、征文比赛等，为读者创造全方位经典阅读体验；"深圳学人南书房夜话"聚焦传统文化与学术文化，旨在搭建交流平台；"经典诵读"选取《诗经》《论语》等儒家经典，邀请国学讲师带领读者吟诵等。

上：2020南书房家庭经典阅读书目　｜　下：南书房夜话特别策划——
　　　　　　　　　　　　　　　　　　　　图书馆与家庭经典阅读

■ 地方文献是某一地区经济、文化等各方面积淀下来独特文化的集中反映，能够体现出该地区的文化特质，是图书馆的独特资源。朔州市图书馆于2016年开始举办"手抄地方文献"阅读推广活动，使地方文献真正被读者用起来。

活动发动读者到馆，誊抄馆藏地方文献，将获奖作品悬挂展览、结集印刷。"以抄促读、以读促知、以知促用"，让读者在图书馆里发现、挖掘、利用地方文献，在抄写过程中深入阅读并了解文献本身，使地方文献活起来。活动在推动了地方文献阅读的同时，还推动了朔州特色文化的传承和传播，增强了读者对地区文化的认同感、自豪感，提升了地区人文素质。

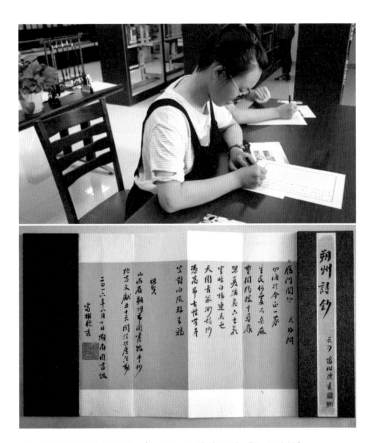

上：读者抄写地方文献　|　下：软笔作品选《朔州诗钞》局部

■ 阅读虽然异常重要，但对视力有障碍的人们而言并非易事。图书馆的阅读服务应是均等化、普惠化的，理应保障视障人群的阅读权利。

"真人图书馆"主题活动

苏州图书馆自2001年起创办"我是你的眼"视障读者系列主题活动，积累了不少有益经验。

"爱心电影　无障碍电影"主题活动

苏州图书馆举办的盲人读书会、无障碍电影、苏州大讲坛、"一帮一　手牵手"、"走出户外　触摸世界"、视障读者系列培训、"真人图书馆"、盲人"超凡"朗诵艺术团等一系列有针对性的主题文化阅读活动，受到了视障读者们的普遍欢迎。活动的开展有效补充了盲文图书资源的不足，盲文阅览室成为视障读者交流、互动、融入社会、提升技能的学校。

"走出户外 触摸世界"主题活动

214/215

场 与 人

SPACE & ACTIVITY

邂逅图书馆之美

长沙市图书馆打卡

上：陕西省图书馆打卡　|　下：盐田区图书馆打卡

■　以文旅融合为契机，图书馆的建筑风格、人文环境、阅读姿态、馆员服务都是值得欣赏游览的靓丽风景。2018年长沙图书馆推出特色主题游学项目"阅天下·邂逅图书馆之美"，为读者提供了更为多样的阅读体验，吸引读者走进图书馆，参与活动，进行阅读。

活动线上线下同时开展。线下读者参与"游学护照"盖章打卡，在"游学笔记"上记录所思心得；线上分享照片和文字心得。同时采用积分形式每年对参与者的游学情况进行评比，以增加活动的关注度。由于活动周期长，为方便全国各图书馆随时参与，设计以电子地图实时更新为主，读者扫描地图二维码就能一览最新的打卡图书馆信息，有效提高了活动的操作性与参与性。

全国首届图书馆杯主题海报创意设计大赛特等奖作品《阅读高度》　作者：王玉琴

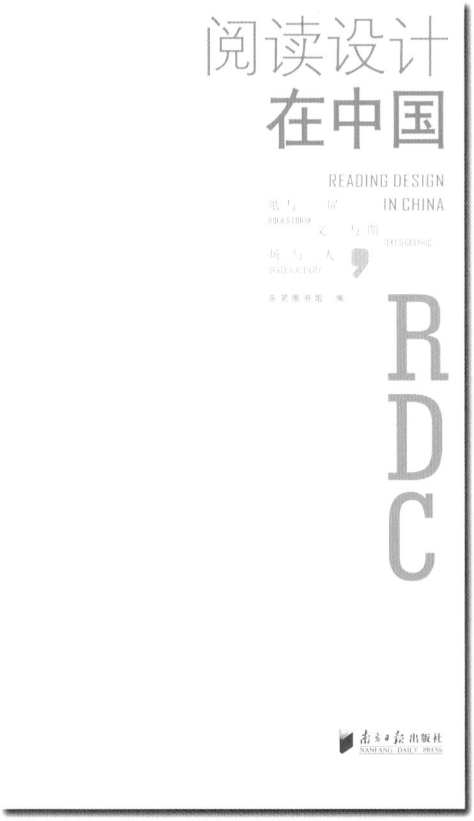

阅读设计
在中国

READING DESIGN
IN CHINA

RDC

南方日报出版社
NANFANG DAILY PRESS

出品 ｜　　东莞图书馆

策划 ｜ 指导 ｜ 概念 ｜ 创意 ｜　　李东来

大纲 ｜ 统筹 ｜　　冯玲

内容监制 ｜ 审校 ｜　　杨河源

文字编写 ｜　　赵爱杰　冼君宜

资料图片收集 ｜　　吴楚莹　方嘉瑶　周鹤

书籍设计 ｜　　蜻蜓文化传播　梁明晖